탄소 중립으로
지구를 살리자고?

기후 위기

박재용 글 | 심민건 그림

탄소 중립으로 지구를 살리자고?

나무를 심는 사람들

안녕! 2020년이 되면서 세상이 완전히 바뀐 것처럼 느껴지지 않았나요? 코로나19가 전 세계를 덮치면서 우리의 일상이 이전과는 달라져 버렸어요. 온라인으로 수업을 듣고, 항상 마스크를 쓰고 다녀야 하고, 어디론가 여행 가는 일이 힘들어졌지요.

중국 우한의 박쥐로부터 옮겨 온 것으로 추정되는 코로나19 바이러스는, 하지만 어찌 보면 이미 예견된 일일 수도 있어요. 사람과 동물을 같이 감염시킬 수 있는 바이러스나 세균은 생각보다 많지만, 이전에는 사람과 동물이 다른 장소에서 각자 떨어져 살고 있어서 동물로부터 사람에게 감염이 일어날 일이 적었지요. 그런데 인구가 증가하면서 사람들이 동물들이 사는 장소를 침범하고, 또 서식지를 잃은 동물들이 사람이 사는 곳으로 들어오면서 접촉은 불가피해졌어요. 그 결과가 지금처럼 나타나고 있는 거고요. 조류 인플루엔자도, 사스나 메르스도 비슷한 과정을 거쳤어요. 단지 코로나19가 그들보다 더 강한 전염력을 가지고 있는 거지요.

그런데 어떤 사람들은 "코로나19가 감기라면 기후 위기는 암이라고 해도 될 정도로 심각하다"고 이야기해요. 인간 활동에 의

한 지구 기온 상승은 기후 변화를 넘어 기후 위기를 초래하고, 이것이 불러올 미래는 코로나19보다 더 큰 고통을 우리에게 가져다 줄 수 있다는 겁니다.

플라스틱 문제도 마찬가지로 심각하다고 해요. 100여 년 전 플라스틱이 처음 만들어졌을 때는 기적의 소재라 여겨졌어요. 값싸고 질긴 플라스틱은 생활 곳곳에 파고들었지요. 플라스틱 재질의 일회용품도 급속히 많아졌고요. 하지만 곧 문제점이 드러났어요. 플라스틱이 분해되지 않아 쓰레기가 엄청나게 쌓이게 된 거예요. 이렇게 버려진 플라스틱은 다시 우리 인간을 공격하게 될 거예요.

그런데 기후 위기와 환경 문제로 고통을 겪는 것은 우리뿐이 아닙니다. 전 세계의 무수한 생물들이 고통을 겪고 있어요.

지구는 우리 인간만의 것이 아닙니다. 여기에 깃든 모든 생명에게 포기할 수 없는, 포기하면 안 되는 집이지요. 하지만 우리가 이 지구를 너무 우리 인간의 것인 양 쓰고 있는 것은 아닌지 되돌아봐야 합니다. 지구의 한정된 자원을 인간이 마구 써 버리면 다른 생물들은 당연히 고통받고 멸종 위험에 처할 수밖에 없어요. 이 자원 중 가장 중요한 것이 서식지입니다. 인간이 지표면의 많은 부분을 차지하면 차지할수록 나머지 생물들이 살 수 있는 곳은 없어지지요.

또 지구의 모든 부분은 유기적으로 연결되어 있습니다. 서로가 촘촘하게 맞물려 현재의 환경을 유지하고 있지요. 인간의 욕심으로 그중 일부가 어그러지면 맞물려 있던 나머지 부분들도 같이 휘청입니다. 인간이 화석 연료를 이용하면서 대기 중 이산화 탄소가 늘어나 기후 위기를 불러온 것이 대표적입니다. 기후 위기는 세계 곳곳의 기후 환경을 변화시키고, 이는 인간만이 아니라 그곳 생태계의 다른 생물들에게도 심각한 위기가 됩니다.

인간이야 스스로 만든 문제니까 감내한다고 해도 다른 생물들은 우리 때문에 멸종 위기에까지 내몰리니 더 억울할 수도 있어요. 결국 기후 위기와 환경 문제를 해결해야 하는 것은 이 위기를 불러온 인간의 몫이지요.

이 책은 이렇게 기후 위기와 환경 문제로 우리 인간과 생물들이 어떤 고통을 겪고 있는지, 그리고 이 문제를 해결하기 위해 우리는 무엇을 할 수 있을지에 대해 질문하고 또 알아보고, 고민하자는 생각으로 쓰였어요.

질문에 대해 생각하고 답하면서 우리가 나아가야 할 방향에 대해 여러모로 모색해 보면 좋겠습니다.

박재용

차례

6장
그린뉴딜, 지구를 구하는 길

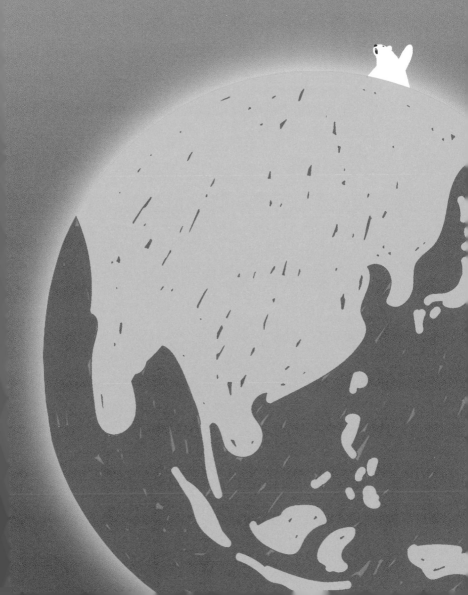

1장
기후 위기

1

기후 변화가 문제라고?

지구 온난화나 기후 변화, 기후 위기 같은 말 들어 봤지요? 또 "날씨가 예전 같지 않아. 봄, 가을이 없어. 올여름은 유난히 더워" 하는 말들도 많이 들어 봤을 거예요. 생활에서 늘 쓰는 '날씨'와 '기후'는 어떻게 다른 걸까요? 또 기후 위기는 지구 온난화와 무슨 관계가 있는 걸까요?

우리나라 2020년 여름은 코로나19로 힘든 와중에 또 하나 특별한 일이 있었습니다. 기억할지 모르겠는데 역대급 장마가 왔었지요. 7월 초순에 시작된 장마는 8월 중순이 되어서야 끝났어요. 장장 한 달 보름 정도 많은 비가 내렸습니다.

예년과 다른 점은 두 가지였어요. 하나는 보통 보름 남짓이던 장마 기간이 세 배나 늘어났다는 거고, 다른 하나는 비가 아주 많이 왔다는 점입니다. 장마철이라도 이삼일 비가 오면 하루 정도는 쉬었는데, 2020년에는 일주일 내내 비가 오고 하루 쉬고 또 일주일 내내 비가 오는 일이 계속되었죠. 그래서 강수량도 예년보다 훨씬 많았답니다.

» 북극이 따뜻해서 《 우리나라 장마가 길어졌다고?

그런데 왜 이렇게 장마 기간이 길어진 걸까요? 장마는 북태평양의 따뜻하고 습한 공기가 여름이 되면서 점점 북쪽으로 세력을 넓히는 가운데 북쪽의 차가운 공기와 만나서 생기는 현상입니다. 보통 보름 정도 서로 세력을 다투다가 북태평양 고기압이 점점 커지고 북쪽의 차가운 공기는 줄어들면서 사라지지요. 그리고 본격적인 여름이 시작됩니다. 그런데 2020년에는 북쪽의 차가운 공기가 세력을 잃지 않고 한반도 부근에서 북태평양 고기압과 계속 서로 맞서는 바람에 장마가 길어졌어요.

왜 북쪽 공기는 세력이 약해지지 않았을까요? 이유는 북극해

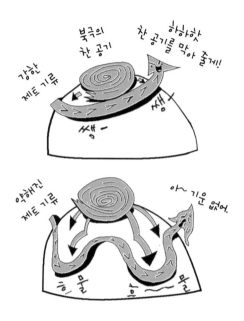

부근의 온도가 올라갔기 때문입니다. 북극 부근의 온도가 평소보다 2도 정도 올라가면서 그 아래쪽인 시베리아 부근은 오히려 추워졌어요. 북극과 시베리아 지역 사이에서 양쪽의 공기 흐름을 막는 제트 기류가 약해졌기 때문입니다. '제트 기류'는 양쪽의 기온차가 크면 클수록 거세지는데 온도 차가 줄어들면서 세력이 약해져 북극의 찬 공기가 시베리아 지역으로 흘러들어 간 것이지요.

이 때문에 시베리아 지역이 추워지면서 봄에도 눈이 녹질 못했어요. 눈은 땅이나 숲보다 햇빛을 덜 흡수하기 때문에 봄이 되어 햇빛이 많이 비쳐도 기온이 올라가지 않았어요. 그래서 시베리아 지역을 중심으로 한 차가운 공기 세력이 약해지지 않았던 거죠. 결과적으로 북극이 예년보다 따뜻했던 것이 우리나라에선 장마가 길게 이어지는 현상으로 나타난 거랍니다.

》 기후 변화의 원인은 《
지구 온도 상승

이렇게 지구 전체의 온도가 올라가면서 기후가 달라지는 현상이 세계 여러 지역에서 나타나고 있어요. 그런데 여기서 잠깐, 기후와 날씨를 헷갈리는 친구들 있나요? 날씨는 그날그날의 기상, 즉 기온, 바람, 비 등의 대기 상태를 말하고, 기후는 지난 30년간 한 지역의 날씨를 평균한 것을 말해요. 즉 "내일 맑을 거야"라는 것은 날씨고, "우리나라 여름은 무덥고 습하다"고 하는 건 기후이지요. 한두 번 특이한 날씨가 나타나는 것은 큰 문제가 아니지만 오랜 기간의 평균적인 기상인 기후가 변하면 많은 변화가 잇따르지요. 그리고 지금은 기후 변화가 인간과 지구 생태계를 위기로 몰아넣고 있기 때문에 기후 위기라고 부르는 거고요.

18~19세기 산업 혁명 이후 200여 년간 전 세계의 평균 기온은 약 1도 정도 올랐습니다. 이에 따라 지구 곳곳의 기후가 변하고 있어요. '고작 1도 올랐는데?'라고 생각할 수 있지만 이건 어마어마한 변화입니다. 그 이전 1만 년간은 평균 기온의 변화가 거의 없었거든요.

우리나라를 예로 들면 우리나라는 온대 기후로, 20세기 중반까지 아열대 기후, 그러니까 야자수가 자랄 수 있는 곳은 제주도 남쪽 해안뿐이었어요. 그런데 21세기 초가 되니 남해안의 절반이 아열대 기후가 됐어요. 그래서 요사이에는 아열대에서 자라는 망고나 멜론 같은 작물을 남해안의 농가에서 재배하게 되었죠.

그뿐이 아니에요. 1980년경만 하더라도 한강은 12월 중순이 되면 꽁꽁 얼어붙어서 다음 해 1월 중순까지 그 상태를 유지했습니다. 그런데 지금은 한겨울에도 고작 하루나 이틀 정도 얼었다가 바로 녹아 버리지요. 우리나라 동해안의 수온도 지난 30여 년 동안 0.8도 정도 올랐는데, 이 정도의 온도 상승만으로도 동해안이 완전히 바뀌었습니다. 여름에만 잡히던 오징어가 이제 사시사철 잡혀요. 그리고 아열대 바다에서나 볼 수 있었던 흑새치나 붉은바다거북, 참치, 노무라입깃해파리 같은 종류들도 이제 우리나라 주변 바다에서 자주 볼 수 있게 되었습니다.

지금처럼 지구 기온이 올라가면 아마 이삼십 년 뒤에는 교과서가 바뀔지 모릅니다. 우리나라의 수도권과 강원도 충북 내륙 지방은 온대 기후고, 바다에 접한 지방과 남부 지방 전체가 아열대 기후라고 말입니다.

2

왜 지구
기온이
올라갈까?

인류 문명이 시작된 1만 년 전부터 항상 비슷한 온도를 유지하던
지구 평균 기온이 200여 년 전부터 변하기 시작했어요. 그리고 지금, 지구의
평균 기온은 날로 높아지고 있습니다. 지구 기온은 왜 올라가는 걸까요?

과학자들이 연구해 보니 지구 평균 기온이 상승한 원인은 대기 중의 이산화 탄소가 증가했기 때문이었습니다. 이 이산화 탄소는 인류가 석유, 석탄, 천연가스 같은 화석 연료를 마구 사용하면서 대기 중으로 뿜어져 나온 것입니다. 18세기 중반 유럽에서 산업 혁명이 시작되면서 인류는 화석 연료를 본격적으로 사용하기 시작합니다. 산업 혁명에 가장 중요한 역할을 한 것이 석탄을 이용한 증기 기관이었거든요.

》증기 기관은《
화석 연료 사용의 출발점

산업 혁명 이전까지 사람들은 자신의 힘이나 소나 말 같은 가축의 힘을 이용하여 일을 했습니다. 물론 풍차처럼 바람의 힘을 이용하거나 물레방아처럼 물이 떨어지는 힘을 이용하기도 했지요. 그러나 이런 정도로는 새롭게 발전하는 산업을 감당할 수가 없었습니다. 그러다가 증기 기관이 발명되면서 산업이 급속도로 발전하게 됩니다.

증기 기관은 물이 수증기가 될 때 부피가 3,000배쯤 커지는 성질을 이용한 것입니다. 입구가 좁은 용기에 물을 넣고 끓이면 입구로 수증기가 빠져나가는데, 말 몇 마리가 내는 힘과 맞먹을 정도로 큰 힘을 냈습니다. 증기 기관을 발명한 초창기에는 나무를 때서 물을 끓였어요. 그런데 그 당시에 나무는 다양한 용도로 쓰이고 있었습니다. 배를 만들 때도, 집을 지을 때도 나무를 이용했지요. 가정집에서도 나무를 때서 난방을 하고 음식을 만들었어요. 이렇게 나무 사용량이 늘어나자 산업 혁명 당시 영국에는 숲이 거의 사라져, 새로운 에너지원이 필요하게 되었죠. 그래서 탄광을 개발하고 석탄을 채굴하여 때기 시작했습니다. 증기 기관은 계속 개량되어 열차를 끌기도 하고, 공장에서 기계를 돌리기도 했어요. 증기 기관은 점점 늘어났고, 석탄 사용량도 같이 늘어났지요.

그러다 19세기 말쯤 내연 기관 자동차가 등장했습니다. 내연 기관이란 지금의 자동차 엔진 같은 기계를 가리켜요. 내연 기관은 석탄 대신 액체 상태인 석유를 이용하지요. 처음에는 휘발유만 이용하다가 1차 세계 대전 때 디젤로 움직이는 자동차나 탱크가 등장했습니다. 커다란 군함은 중유를 연료로 쓰지요. 어쨌든 내연 기관이 발달하면서 증기 기관은 점차 사라지고 자동차도 배도 열차도 내연 기관으로 움직이면서 석유의 사용량이 크게 늘어났습니다.

그렇다고 석탄을 사용하지 않는 것은 아니에요. 현재도 여러 곳에서 석탄을 사용합니다. 화력 발전소에서는 석탄을 많이 써요. 석유나 천연가스보다 연료비가 적게 들기 때문이죠. 제철 회사에서도 용광로에서 쇠를 녹일 때 석탄을 연료로 사용해요. 시멘트는 석회석을 고온으로 가공해 만드는데, 이때도 석탄을 연료로 써요. 종이를 만드는 제지 회사도 석탄을 연료로 사용합니다. 가격이 싸기 때문이죠.

산업 혁명 초기에는 유럽의 몇몇 나라들만 화석 연료를 사용했어요. 하지만, 20세기 중반이 넘어서자 전 세계 대부분의 나라가 경제 발전을 위해 발전소를 짓고 공장을 지으면서 점점 화석 연료 사용량이 늘어났습니다. 게다가 비행기, 자동차, 배 등 운송 수단이 많아지면서 화석 연료의 사용량은 크게 늘어났지요. 여기서 문제가 발생합니다. 석유나 석탄, 천연가스 같은 화석 연료는 모두 타면서 이산화 탄소를 내놓습니다. 그래서 대기 중에 이산화 탄소 농도가 높아지는데, 대기 중에 늘어난 이산화 탄소가 바로 지구 기온을 높이는 역할을 합니다.

》 지구 기온을 높인 주범은 《 이산화 탄소

지구는 태양으로부터 항상 빛에너지를 받고 있어요. 에너지를 계속 받으면 온도가 점점 올라가야겠지만 지구 기온은 계속 올라가지 않았습니다. 인류 문명이 시작된 1만 년 전부터 지금까지 비슷한 온도를 유지하고 있지요. 이유는 지구도 에너지를 우주로 내놓기 때문입니다. 태양과 다른 점은 지구가 내놓는 에너지는 우리 눈에 보이지 않는다는 점입니다. 지구는 태양처럼 뜨겁지 않아서 눈에 보이는 빛 대신 눈에 보이지 않는 적외선의 형태로 에너지를 내놓아요.

그런데 이산화 탄소는 적외선을 아주 잘 흡수합니다. 대기 중에 이산화 탄소 농도가 높아지면 적외선이 우주로 빠져나가지 못해서 지구 기온이 높아지지요. 연구에 따르면 산업 혁명이 일어나기 전 지구 대기의 이산화 탄소 농도는 약 300ppm이었는데 지금은 400ppm으로 약 100ppm 정도 늘었습니다. 즉 대기 중 이산화 탄소의 농도가 0.03%에서 0.04%로 0.01% 늘어났지요. 아주 미량이지만 원래 있던 이산화 탄소 농도와 비교했을 때 33%나 늘었으니 엄청 많이 늘었다고 할 수 있어요. 그 결과 지구 기온이 평균 약 1도 정도 높아졌습니다. 산업 혁명 이후 늘어난 이산화 탄소는 지구 대기에 쳐 놓은 커튼과 같아요. 이산화 탄소 커튼 탓에 지구가 내보내는 적외선이 지구 대기를 빠져나가지 못해 지구 기온이 점점 올라가고 있습니다. 그리고 이산화 탄소를 많이 배출할수록 이 커튼은 점점 더 두꺼워질 것입니다.

이산화 탄소 배출량을 줄이지 않으면 지구 평균 기온은 점점 더 올라갈 거예요. 과학자들에 따르면 이제 0.5도 정도밖에 여유

| 대기 중 이산화 탄소 농도 추이(마우나로아 관측소 측정) |

출처: 미국 해양대기청·스크립스 해양연구소

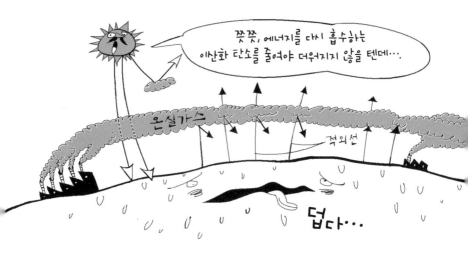

가 없다고 해요. 지구 평균 기온이 1.5도보다 더 높아지면 인류가 이산화 탄소를 내놓지 않아도 지구가 스스로 이산화 탄소를 내놔서 돌이킬 수 없게 된다고 해요. 지구가 어떻게 이산화 탄소를 내놓느냐고요? 이제부터 그걸 알아보도록 해요.

영구 동토층이 녹으면 무슨 일이 생길까?

2012년 시베리아 북부 매우 추운 곳에서 얼어 있는 매머드를 발견했습니다. 2만 8,000년 전에 살았던 것으로 확인되었는데, 거의 죽을 당시 상태를 온전하게 유지하고 있었습니다. 워낙 추운 곳이라 죽은 뒤 순식간에 얼어 버렸던 거지요.

매머드가 발견된 러시아의 시베리아 북부 같은 지역을 지질학에서는 영구 동토층이라고 합니다. 월평균 기온이 영하인 달이 6개월 이상으로, 땅속이 1년 내내 언 상태로 있는 곳입니다. 그런데 여름이 되면 영구 동토층이라도 지표 부근은 조금 녹습니다. 지표 아래 두꺼운 층은 계속 얼어 있지만, 표면 몇 센티미터 정도는 녹는 거죠. 짧은 기간이지만 지표가 녹으면 생물들이 그 주변에 몰려들어요. 녹은 표면에 주로 이끼 식물들이 자라고, 여러 종류의 풀들도 여기저기 자라지요. 또 땅속이 얼어 있어서 녹은 물이 스며들지 못해 여기저기 웅덩이를 이루고요. 이끼를 먹고 사는 순록이나 북극토끼 같은 초식 동물과 이들을 잡아먹는 북극여우, 북극늑대, 눈올빼미 등이 여름철 동안 활발하게 움직입니다.

》 영구 동토층은 《 거대한 탄소 창고

가을이 되면 영구 동토층의 표면이 다시 얼어붙습니다. 여름철 내내 자라던 이끼와 동물들의 사체나 분비물도 같이 얼어붙지요. 다른 지역 같으면 모두 썩고 분해되겠지만, 영구 동토층이 분포하고 있는 툰드라 지역에선 매년 죽은 생물들과 여러 유기물이 추운 날씨에 썩지 않고 얼어붙은 채 땅속에 묻혀 이탄층을 형성합니다. 이탄층이란 완전히 분해되지 않은 생물들의 사체가 진흙과 섞여 쌓인 층을 말해요.

툰드라는 북반구의 약 37%를 차지할 정도로 아주 넓게 분포

하고 있어요. 시베리아가 가장 넓고 알래스카와 캐나다 북부, 몽
골 북부와 중국 북동부 그리고 티베트 고원에 걸쳐 있어요. 그러
니 여기 묻힌 사체, 즉 탄소 화합물들의 양이 어마어마하겠죠? 연
구에 따르면 이곳에 묻힌 탄소는 모두 1조 7,000억 톤이나 된다고
합니다. 대기 중 탄소량의 두 배 정도라니, 거대한 탄소 저장고라
고 할 수 있겠습니다.

》 영구 동토층이 녹으면 《
이산화 탄소가 늘어나

만약 지구 온난화로 이 지역의 온도가 올라가면 과연 무슨 일이
일어날까요? 과학자들의 조사에 따르면 1980년 이래 영구 동토
층 대부분이 2~3도 정도 온도가 올랐다고 해요. 지구 평균보다

더 빨리 온도가 올라가고 있는 거죠.

영구 동토층이 녹으면 얼어 있던 생물들의 사체가 녹아 분해되면서 사체 속 탄소 화합물들이 대기 중으로 빠져나오게 됩니다. 가장 많은 것이 메탄(CH_4)입니다. 메탄은 그 자체로 적외선을 흡수하여 지구 온도를 높이는 온실가스로, 이산화 탄소보다 더 강한 온실 효과를 냅니다. 또 대기 중에서 산소(O_2)와 만나면 화학 반응을 해서 수증기(H_2O)와 이산화 탄소(CO_2)가 되어 대기 중의 이산화 탄소 농도를 높입니다.

거기다 반사율도 문제예요. 얼음은 땅이나 물보다 햇빛을 잘 반사해요. 즉 흡수를 덜 하죠. 따라서 얼음이 녹아 버리면 영구 동토층이 이전보다 햇빛을 더 많이 흡수하게 돼요. 자연스레 그 부근의 기온이 올라가고, 그러면 주변의 얼음이 또 녹아 버리겠죠. 이렇게 기온이 일단 올라가기 시작하면 시베리아와 알래스카 그리고 캐나다의 영구 동토층이 모두 녹아 버리는 일이 일어날 수도 있어요.

그래서 과학자들이 지구 평균 온도가 1.5도 이상 올라가면 안 된다고 주장하는 거예요. 그 이상 되면 사람이 이산화 탄소를 배출하지 않아도 영구 동토층이 녹으면서 땅속에 묻혀 있던 탄소 화합물이 대기 중으로 나와 지구 대기의 이산화 탄소 농도를 증가시킬 수 있으니까요.

4

바닷속 메탄 하이드레이트가 녹고 있다고?

간혹 울릉도와 독도 부근 해저에 엄청난 에너지 자원이 묻혀 있다는 뉴스가 나옵니다. 드라이아이스랑 비슷한데 불이 잘 붙어서 '불타는 얼음'이라 불리는 메탄 하이드레이트로, 동해 울릉분지에 약 6억 톤 정도가 묻혀 있다고 해요. 미래 에너지 자원으로 주목받는 메탄 하이드레이트는 뭐고 기후 위기와 어떤 관계가 있는 걸까요?

바다에는 수없이 많은 생물이 살아요. 때가 되면 이들이 죽고 사체가 심해로 가라앉지요. 바다 밑바닥에 쌓인 이런 유기물을 세균이나 미생물이 분해합니다. 산소가 풍부하면 최종적으로 이산화탄소와 물로 분해되는데, 심해에는 산소가 별로 없어요. 그래서 산소가 없어도 살 수 있는 '혐기성 세균'이 유기물들을 분해하는데, 이때 메탄이 발생합니다. 메탄은 집에서 쓰는 도시가스의 주된 성분이에요.

한편 심해는 온도는 낮고 압력은 굉장히 높아서 물이 액체도 아니고 고체도 아닌 어중간한 상태로 존재합니다. 이런 상태에서 메탄가스가 발생하면 주변의 물 분자들이 메탄에 달라붙어 얼음이 만들어져요. 이를 메탄 하이드레이트라고 합니다. 하이드레이트(수화물)란 다른 원자나 분자에 물 분자가 결합해서 만들어진 화합물이란 뜻입니다.

» 해저에 묻혀 있는 《
어마어마한 메탄 하이드레이트

워낙 압력이 높아서 한번 만들어진 메탄 하이드레이트는 그대로 심해에 남아 있게 됩니다. 그러니 심해에는 몇십만 년에 걸쳐 매년 만들어진 메탄 하이드레이트가 차곡차곡 쌓여 있겠지요. 그 양이 엄청나서 석유나 천연가스, 석탄 매장량의 2배가량 될 거로 예상해요. 약 1만 기가톤이 묻혀 있을 걸로 추정하지요.

메탄 하이드레이트는 주로 대륙 근처의 심해에 존재합니다.

육지의 강을 타고 영양분들이 바다로 흘러나가므로 육지 주변 바다에 생물들이 풍부하기 때문이죠. 그러니 우리나라나 일본 미국 중국 등 주변 해안에 메탄 하이드레이트가 매장된 걸 확인한 나라들이 이걸 채굴해서 에너지 자원으로 쓰려고 연구하는 건 당연하지요.

아직 본격적으로 채굴하지 못하는 이유는 메탄 하이드레이트가 낮은 온도와 높은 압력이라는 조건에서만 안정하기 때문입니다. 만약 온도가 조금만 높아지거나 압력이 조금만 낮아져도 얼음이 녹아 메탄이 새어 나와요. 집에서 쓰는 도시가스가 새면 아주 위험한 것처럼 이것도 아주 위험하지요. 이걸 바다 위로 끌어올리면 자연스럽게 온도는 높아지고 압력은 낮아지니 위험하겠지요? 안전하게 채굴할 방법이 없진 않지만, 비용이 너무 비싸서 본격적으로 이용하지 못하고 있습니다.

》 메탄 하이드레이트가 《 방출된다면?

그런데 지구 온난화가 메탄 하이드레이트를 위협하고 있다는 연구가 나오고 있어요. 메탄 하이드레이트는 주로 바다 깊은 곳에 있는데 기온이 아주 낮은 북극 주변은 얕은 바다에도 메탄 하이드레이트가 존재합니다. 육지와 이어진 바다의 표면은 얼음으로 뒤덮여 있지만 그 아래 얕은 대륙붕에는 메탄 하이드레이트가 많이 존재하죠. 그리고 영구 동토층 아래에도 메탄 하이드레이트가 꽤 많이 묻혀 있습니다.

과학자들이 툰드라의 물웅덩이나 여름철에 녹은 북극해에서 메탄가스 방울이 올라오는 것을 목격하였는데, 북극이 따뜻해지면서 메탄 하이드레이트 중 일부가 녹아 나온 것으로 추정하지요. 앞서 말한 것처럼 메탄가스는 이산화 탄소보다 더 강한 온실 효과를 냅니다.

지구 기온이 지금보다 1도 정도 더 올라가면 북극해 주변뿐 아니라 태평양과 대서양의 고위도 지방에서도 메탄 하이드레이트가 분출될 위험이 커져요. 거기다 해류의 흐름이 바뀌면 수온이 변할 가능성이 커지면서 다른 지역의 메탄 하이드레이트도 분출할 수 있지요. 메탄이 대규모로 분출하면 지구 기온이 더 올라가고, 그러면 바닷물 온도도 따라서 올라가니 그나마 해저에 남아 있던 메탄 하이드레이트까지 녹아 버릴 수 있습니다.

고생대 말에 이런 현상이 나타나서 어마어마하게 많은 생물이 멸종당한 적이 있어요. 정말 공상 영화의 인류 대멸종보다 더 무시무시한 일이 가까운 미래에 일어날까요?

5

빙하가 녹으면 우리나라도 잠길까?

남태평양에 있는 작은 섬나라 투발루 공화국에 대해 들어 본 적 있나요? 빙하가 녹아 바닷물 높이가 올라가면서 섬들이 바닷물에 잠기고 있다고 하죠. 그래서 투발루라는 나라가 지도에서 사라질지도 모른다는 얘기까지 나올 정도인데요, 이처럼 땅이 바다에 잠기는 건 다른 나라만의 일일까요?

부산과 김해시 사이 낙동강 하구에는 을숙도라는 섬이 있어요. 낙동강이 남해와 만나는 곳에 강물을 따라 떠내려온 모래나 진흙 등이 쌓여 만들어진 섬이죠. 갈대숲이 우거진 을숙도에는 매년 겨울이 시작될 무렵부터 수십만 마리의 철새들이 날아와 한겨울을 지내고 봄이 되면 다시 시베리아로 돌아가곤 해요. 겨울이 되면 철새를 보러 사람들이 많이 찾아오지요.

그런데 21세기 말이 되면 새도 갈대도 사람들도 을숙도를 볼 수 없을지 몰라요. 지구의 온도가 계속 올라가면 을숙도가 물에 잠겨 사라질 수 있기 때문이지요. 더 심각한 건 온도가 올라가는 속도가 점점 빨라진다는 거예요. 18세기부터 지금까지 지구 평균 기온이 1도 올라갔으니 0.5도 올라가려면 아직 100년 이상은 남은 걸까요? 과학자들에 따르면 앞으로 30년 정도밖에 시간이 남지 않았다고 합니다.

》 빙하가 녹아서 《
해수면 높이가 상승해

지구 평균 온도가 올라가면서 여러 가지 문제가 심각하게 드러나고 있어요. 그중 하나가 남극과 그린란드의 빙하가 녹아 버리는 거죠. 지금도 그린란드와 남극의 빙하가 조금씩 녹고 있는데 그 속도가 점점 빨라져서 많은 사람이 걱정하고 있습니다.

기후 변화에 관한 정부 간 협의체(IPCC)는 유엔 산하 조직으로, 인간 활동에 의한 기후 변화의 위험을 평가하는 것을 임무로

합니다. 전 세계 정부와 주요 비정부 기구 그리고 기업들이 가장 신뢰하는 기관이기도 하지요. 그곳에서 낸 보고서에 따르면 지구 온도가 현재보다 1도 더 올라가면 그린란드의 빙하가 모두 녹을 수 있다고 합니다. 그리고 그린란드의 빙하가 모두 녹으면 해수면 이 지금보다 7미터는 더 높아질 거로 예상합니다.

이것만 해도 어마어마한데 사실 더 위험한 건 남극의 빙하입 니다. 지구상의 물 중 97.2%는 바닷물이고, 나머지 2.8%가 육지에 있는 물입니다. 육지의 물은 호수와 강, 지하수, 빙하 등으로 존재 하는데, 육지의 물 중 77%가 빙하죠. 그중 남극 대륙의 빙하가 전 체 빙하 중 86%를 차지하고 그린란드의 빙하가 11.5%를 차지합 니다. 둘을 합치면 97.5%니까 사실 빙하의 대부분은 이 두 곳에 있어요. 그러니 남극의 빙하가 녹으면 엄청난 일이 벌어지겠죠? 해수면이 몇십 미터 더 상승할 수도 있어요.

》 해안가와 도시 모두 《
바닷물에 잠길 수 있어

이렇게 바닷물 높이가 높아지면 해안가부터 물에 잠길 거예요. 강 하구도 위험해요. 강은 높은 곳에서 낮은 곳으로 흐르는데 바다와 만나는 부근에선 강물의 높이와 바닷물 높이가 거의 같아지거든 요. 바닷물 높이가 올라가면 그에 맞춰서 강물 높이도 높아지지 요. 그러면 을숙도처럼 강물보다 불과 2~3미터 밖에 높지 않은 강 하구의 섬들은 모두 물에 잠기게 되는 거죠.

을숙도뿐만이 아니에요. 낙동강 하구 외에도 섬진강 하구의 광양만, 영산강 하구의 목포 등이 모두 문제가 된다고 해요. 물론 전 세계 바다 높이가 다 높아지니 우리나라만의 문제도 아니지요. 투발루뿐만 아니라 몰디브나 키리바시 같은 섬나라는 나라 전체가 바닷속에 잠길 위기에 있어요. 네덜란드나 방글라데시 같은 저지대가 많은 나라도 비상이지요. 그리고 미국의 미시시피강 하구나 이집트의 나일강 하구, 중국의 양쯔강과 황허강의 하구 등도 모두 위험에 빠져요.

그래서 IPCC에선 앞으로 0.5도 이상 기온이 올라가지 않아야 한다고 이야기해요. 그렇게 하려면 우리나라를 포함해서 전 세계가 모두 이산화 탄소 배출량을 절대적으로 줄여야 하지요. IPCC에 따르면 이산화 탄소 배출량을 2030년까지 2010년과 비교하여 45% 줄여야 하고, 2050년에는 네트 제로(net zero), 즉 배출한 만큼 흡수하여 순 배출량을 0으로 해야 가능하다고 해요. 쉽지 않은 일이지만 미래 세대를 위해서라도 꼭 이뤄야 하는 목표입니다.

6

북극이 따뜻해지면 유럽이 추워진다고?

세계 지도를 펼치고 파리, 런던, 서울, 울란바토르의 위치를 찾아 보세요. 프랑스 파리의 위도는 48.9도, 영국 런던은 51도 정도예요. 우리나라 서울은 37도고 몽골의 울란바토르는 47도지요. 위도만 놓고 보면 파리나 런던의 겨울이 서울보다 훨씬 더 추워야겠지만 실제로는 더 따뜻합니다. 왜 그럴까요?

서울의 겨울철 평균 기온은 영하 5도 정도, 울란바토르는 영하 21도 정도입니다. 여기에 비해 런던은 울란바토르보다 위도가 4도 높지만 겨울에도 영상 4도 정도 됩니다. 파리도 비슷해요. 그래서 런던이나 파리에선 겨울에 눈이 잘 오지 않지요. 런던이나 파리뿐 아니라 네덜란드나 스웨덴 같은 서유럽은 대부분 겨울철 기온이 위도에 비해 높습니다. 모두 멕시코 만류 덕분이죠.

》 북극해가 얼어야 《
멕시코 만류가 흐를 수 있어

멕시코 만류는 미국과 멕시코로 둘러싸인 더운 열대 지방에서 시작한 해류입니다. 이 해류가 스페인과 프랑스, 영국, 독일을 지나 스웨덴과 노르웨이까지 올라가는데, 따뜻한 해류 덕분에 유럽의 서해안은 위도에 비해 따뜻한 날씨를 유지할 수 있어요. 그런데 멕시코 만류가 열대에서 유럽 서해안을 지나 북극까지 흐르는 이유는 바로 북극 바다가 얼기 때문이랍니다.

바닷물이 얼 땐 소금을 빼놓고 물끼리만 얼어요. 그럼 남는 소금은? 얼지 않은 바닷물 속에 남게 되지요. 그럼 바닷물은 더 짜져요. 그런데 짜지기만 한 게 아니라 소금이 많아지니 더 무거워지고, 무거워진 바닷물은 밑으로 가라앉게 되지요. 그러면 위쪽에 바닷물이 부족해져서 주변의 바닷물을 끌어들이는데, 그 영향으로 멕시코 만류가 북극해 가까이 흐르게 됩니다. 결국은 북극 바다가 얼어붙어야 유럽이 따뜻한 거죠.

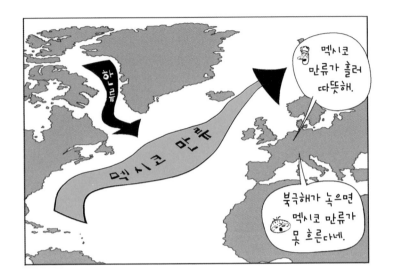

그런데 지금 지구 온난화로 북극해의 얼음이 계속 녹고 있어요. 겨울철에 얼어붙는 면적도 이전과 비교하면 절반도 안 돼요. 만약 지금보다 지구의 평균 기온이 1도 정도 더 올라가면 북극해는 100년에 한 번 정도만 얼게 될 거라고 해요. 그럼 무슨 일이 일어날까요?

얼음은 순수한 물이니 녹으면 바닷물이 싱거워져요. 그리고 바닷물이 이전보다 따뜻해서 아래로 가라앉질 않아요. 북극의 바닷물이 가라앉지 않고 제자리를 지키면 멕시코 만류도 더 이상 위쪽으로 흐를 수 없게 됩니다. 그럼 대서양과 접하는 서유럽 국가들의 기온이 내려가 추워지겠죠. 스웨덴이랑 노르웨이가 있는 스칸디나비아반도가 빙하로 덮일 수 있고 잘못하면 폴란드랑 독일까지도 빙하가 내려올 수 있다고 해요. 유럽 사람들은 큰일 난 거죠. 그런데 문제는 서유럽에서 끝나지 않아요.

북극이 추울 때는 북극에서 아래로 가라앉은 바닷물이 바다 밑바닥을 타고 대서양을 따라 남쪽으로 쭉 내려가요. 남극 부근까지 내려간 이 심해 해류는 다시 동쪽과 서쪽으로 이동해서 인도양이랑 태평양까지 가지요. 거기서 다시 북쪽으로 흘러 적도에 이르면 수면 가까이 올라옵니다. 이 흐름을 열염순환이라고 해요. 그런데 북극 바다가 녹아 버리면 열염순환 자체가 제대로 작동하지 않아 나머지 바다의 해류도 원래대로 움직이지 못하게 되죠.

》 해류 변화가 가져올 결과는 《
예측 불가!

우리나라 기후는 적도에서 올라오는 구로시오 해류의 영향을 크게 받습니다. 구로시오 해류는 동남아시아 쪽에서 올라오죠. 이 해류가 제대로 올라오려면 남아메리카 서해안에서 시작하는 적도 해류가 동남아까지 잘 흘러야 됩니다. 그런데 열염순환에 문제가 생기면 적도 해류가 이상해지겠죠? 당연히 구로시오 해류도 이상해지고, 우리나라 날씨도 이상하게 변할 거예요.

과학자들이 열심히 연구하지만, 해류의 움직임은 워낙 복잡해서 그 영향이 얼마나 될지 정확히 예측하진 못해요. 다만 한 가지는 확실하지요. 뭔가 엄청 큰 변화가 생길 거라는 사실.

어떤 식이든 해류가 변하고 그에 따라 기후가 변하면 사람뿐만 아니라 지금의 기후에 익숙해진 다른 생물들도 다들 살기 힘들게 돼요. 바다의 해류를 타고 이동하는 식물성 플랑크톤의 움직이는 방향이 달라지니, 그것을 따라 다니는 작은 새우 같은 바다 생물들도 헤매게 돼요. 그리고 이들을 먹고사는 작은 물고기들도 먹이를 찾기 힘들어지고, 그 물고기를 먹고사는 새나 참치 같은 큰 물고기들도 어려워질 수밖에 없어요. 환경이 천천히 변하면 충분히 적응하며 살아남을 수 있지만, 너무 급박하게 바뀌면 적응할 준비가 안 된 생물들이 살아남기 어려워집니다. 우리가 서둘러 움직여서 지구 평균 기온이 더 이상 높아지지 않도록 막아야 할 이유가 한 가지 더 추가되었지요?

7

새우 껍질이 얇아지고 있다고?

얼마 전 뉴스에 북극해에 사는 새우들 껍질이 얇아지고 있다는 소식이 있었어요. 과학자들은 지구 온난화 때문이라고 이야기했지요. 북극의 춥고 혹독한 환경에서도 잘 적응하며 살던 새우에게 지구 온난화가 어떤 영향을 미치는 걸까요?

새우나 게는 갑각류에 속하는 동물인데, 이들은 자신을 보호하는 껍질을 만들어요. 한 번만 만드는 게 아니라 몸집이 커질 때마다 예전 껍질을 벗고 새로운 껍질을 뒤집어쓴니다. 처음 만들어지는 껍질은 키틴이란 물질로 이루어져 있고 이때는 물렁물렁하지요. 하지만 그 뒤 이 껍질에 탄산 칼슘이 스며들면서 점점 딱딱해집니다.

》 물에 녹은 《
이산화 탄소가 너무 많아

탄산 칼슘은 탄산 이온과 칼슘 이온이 결합해서 만들어져요. 육지에 풍부한 칼슘은 강물을 타고 바다로 흘러들어옵니다. 탄산은 이산화 탄소가 물과 만나서 만들어지는데 이산화 탄소는 생물들이 호흡할 때 내놓으니 이 또한 부족하지 않아요. 새우는 이 둘을 이용해서 탄산 칼슘을 만들어요. 탄산 칼슘은 물에 녹지 않고 자기들끼리 뭉치는 성질을 가지고 있어서 딱딱하지요. 하지만 물에 이산화 탄소가 과도하게 녹아서 탄산 이온이 너무 많아지면 탄산 칼슘이 탄산 수소 칼슘이라는 물질이 되는데 탄산 수소 칼슘은 탄산 칼슘과 달리 물에 아주 잘 녹아요.

탄산 칼슘이 탄산 수소 칼슘으로 되는 과정은 육지에서도 볼 수 있어요. 바로 석회 동굴입니다. 석회석은 탄산 칼슘으로 이루어져 있는데 그 틈으로 이산화 탄소가 녹아 있는 빗물이 스며들면 탄산 칼슘과 결합해 탄산 수소 칼슘이 되면서 석회가 녹아 동굴이

기후 위기

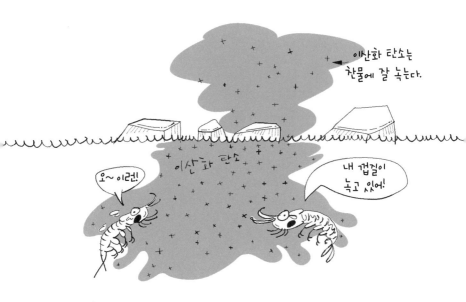

만들어지는 것이지요. 석회 동굴의 바닥에서 올라오는 석순이나 천정에서 내려오는 종유석은 모두 탄산 칼슘으로 이루어져 있습니다.

결국 북극에 사는 새우 껍질이 얇아졌다는 건 새우 껍질의 탄산 칼슘이 탄산 수소 칼슘이 되면서 바닷물에 녹아 빠져나갔다는 이야기가 됩니다. 이건 바닷속에 예전보다 이산화 탄소가 아주 많아졌다는 뜻이기도 하지요. 대기 중에 늘어난 이산화 탄소가 바닷물에 녹아들어 바닷물에도 이산화 탄소가 많아진 것입니다. 그런데 왜 하필 북극 부근에서 먼저 발견이 되었을까요? 그건 이산화 탄소와 같은 기체는 온도가 낮을수록 물에 잘 녹기 때문입니다.

어찌 되었건 큰일입니다. 탄산 칼슘으로 껍질을 만드는 바다 생물은 아주 많거든요. 당장 새우나 게뿐만 아니라 조개의 껍질도 탄산 칼슘이고, 바다 생태계에서 아주 중요한 산호도 껍질이 탄산 칼슘입니다. 더구나 바다 생태계의 기초라고 할 수 있는 플랑크톤 중에도 탄산 칼슘 껍질을 가진 생물들이 아주 많아요. 그러니 바다에 이산화 탄소가 많이 녹으면 바다 생태계 전체가 심각하게 위험해집니다.

》 바다의 이산화 탄소 흡수 능력을 《 지켜야 해

바다에 이산화 탄소 양이 많아지는 건 우리에게도 아주 큰 문제입니다. 산업 혁명 이후 인류가 배출한 이산화 탄소 양은 지금 대기 중에 있는 양보다 훨씬 많습니다. 그런데도 현재 상태를 유지하는 건 바다가 상당히 많은 양의 이산화 탄소를 흡수하기 때문이지요.

이산화 탄소나 산소 같은 기체는 원래 물에 아주 조금밖에 녹지 않아요. 금방 포화가 되지요. 하지만 바다에 녹은 이산화 탄소를 바닷속의 식물성 플랑크톤, 미역이나 김, 우뭇가사리 같은 조류, 산호 등이 광합성을 하면서 쓰고, 게나 새우, 플랑크톤, 조개, 산호들이 껍질에 쓸 탄산 칼슘을 만드는 데 써요. 그러면 다시 불포화 상태가 되니 대기 중의 이산화 탄소가 더 녹을 수 있어요. 이런 과정을 통해서 대기의 이산화 탄소 중 많은 양이 바다에 흡수되고 있어요. 하지만 바닷속 이산화 탄소 농도가 지금처럼 계속 높아져 바다 생태계가 허물어지면 바다가 더 이상 이산화 탄소를 흡수할 수 없게 되죠.

　그럼 어떻게 될까요? 현재보다 더 빠른 속도로 대기 중 이산화 탄소 농도가 높아지겠지요? 지구 온도도 지금보다 더 빨리 올라가고요. 그러니 우리 모두 이산화 탄소 배출을 줄이기 위해 열심히 노력해야겠어요.

8

사막이
왜
늘어날까
?

사막을 배경으로 하는 영화를 보면 낯선 풍경에 취하다가도 저런
곳에서 살면 참 힘들겠다는 생각이 듭니다. 물도 없고, 밤과 낮의 온도 차가
50도 이상 나는 곳에서 살려면 여간 불편하지 않을 거예요. 그런데 전 세계
적으로 사막이 점점 늘고 있다고 해요.

전 세계에서 사막화가 진행되고 있습니다. 사막 주변의 초원에서 풀이 사라지고 돌과 모래만 존재하는 사막으로 변하고 있는 거예요. 해마다 전 세계에서 600만 헥타르, 우리나라 면적의 3/5 정도나 되는 면적이 사막으로 변한다고 해요. 사람도, 다른 생물들도 살기 힘든 지역이 점점 늘어나고 있는 거죠.

사막화로 지난 40년간 약 2천 400만 명이 고향을 등졌습니다. 몽골은 면적의 78%, 중국은 45%가 황폐해졌고, 미국은 국토의 30%, 스페인은 국토의 20%가 사막이거나 사막화가 진행되고 있어요. 아프리카 대륙에 위치한 알제리는 가뭄으로 오아시스가 마르면서 면적의 1%만이 산림으로 덮여 있다고 합니다.

》 사막화가 시작되면 《 멈추기 힘들어

사막화가 진행되는 곳에는 자연적인 원인이 없지 않아요. 전례없는 가뭄이 들거나 산을 넘어온 건조한 바람이 땅을 황폐하게 만들기도 하죠. 그런데 UN의 관련 보고서에 따르면 사막화의 78%는 인간 활동 때문이라고 해요. 중국 북서부의 사막화는 과도한 방목, 땔감을 위한 벌채, 숲 개간 등이 원인이라고 합니다. 반면에 몽골은 지구 온난화가 원인이라고 하죠. 지난 60년간 세계 평균 기온이 0.7도 상승하는 동안 몽골은 2.1도나 올랐습니다. 1990년대 몽골의 사막 면적은 국토의 40%였으나, 지금은 78%까지 확대되었지요.

한번 사막화가 진행되면 멈추기가 힘들어요. 사막은 풀로 뒤덮인 곳보다 태양 빛을 더 많이 반사하죠. 그래서 지표 부근이 냉각되어 건조한 하강 기류가 생겨 고기압대를 형성합니다. 그러니 비가 이전보다 덜 오고, 증발량보다 강수량이 줄어들어 사막화가 더 빠르게 진행되죠.

》나무 심기로《
사막화를 방지해

UN과 세계 각국은 1994년 유엔 사막화방지협약(UNCCD)을 맺고 사막화 방지를 위해 국제 협력을 도모해 나가기로 했습니다. 이후 2015년 제12차 유엔 사막화방지 당사자 총회에서는 '지속 가능한 산림 관리를 포함한 토지 복원에 관한 노력'을 지속 가능 개발 목표에 포함하기로 합의했지요. 그러나 과학 학술지 〈네이처〉가 지난 20년간의 사막화 방지 노력에 F 학점을 부여할 정도로 각국의 참여는 적극적이지 못한 상황입니다.

사막화를 막는 방법으로 가장 유력한 것은 나무를 심어 산림을 유지하는 거예요. 몽골 만달고비시는 우리나라 고양시와 손을 잡고 2009년부터 도시 북서쪽에 조림 사업을 시작하였습니다. 2019년 현재 여의도 면적의 3분의 1에 가까운 90여 헥타르의 땅에 8만 1,000여 그루의 나무가 자라고 있습니다. 척박한 땅이라 10년이 지났는데도 나무는 작지만, 모래바람이 사라지고 농사를 지을 수 있는 땅으로 변모하고 있지요.

조림을 돕기 위한 아이디어도 힘을 더하고 있습니다. 네덜란드 연구진이 개발한 안개 포획기는 공기 중의 습기를 모아 식물에 필요한 물을 공급하는 데 도움을 줍니다. 안개는 새벽에 온도가 내려가면 지표 부근의 대기에 아주 작은 물방울이 맺히는 기상 현상인데, 이 물방울을 안개 포획기가 흡수하는 기죠. 미국 캘리포니아 해안의 안개를 포집하여 저장하는 레드우드(Redwood) 나무에서 아이디어를 얻었다고 해요. 아주 얇고 가는 실을 몇 겹으로 펼쳐 놓으면 거기에 안개가 맺히고, 이렇게 젖은 실에서 물방울이 아래로 흘러 모이는 원리를 이용합니다. 아주 작은 물방울이지만 모이면 대형 생수통 몇 개를 채울 정도가 됩니다. 이 물을 씨앗 살포 지역에 공급하여 씨앗이 싹을 틔울 수 있도록 도우면서 사막 지대의 물 부족을 해결한답니다.

9

대형 산불이 자주 나는 이유는 뭘까?

2020년 여름, 미국 캘리포니아 지역에 대형 산불이 났어요. 산불이 100일 넘게 이어지면서 도시 인근으로까지 번졌다고 해요. 원래 미국 캘리포니아는 건조한 지역으로 해마다 거센 바람이 불 때면 산불이 종종 일어나지요. 그런데 21세기 들어서 산불의 규모가 이전과 비교도 되지 않게 커지고 또 잦아졌어요. 그 이유가 뭘까요?

대형 산불이 나면 살던 집에서 대피하기도 하고 연기를 마셔 호흡기 질환 등에 시달리기도 합니다. 산불은 생태계 전체로 놓고 봐도 큰 재앙이죠. 나무와 풀들이 죽고, 숲에 사는 동물과 곤충들도 목숨을 잃어요. 검은 연기는 대기를 오염시키고, 지구 온난화를 가속하죠. 나무가 사라지면 토양이 빗물에 쓸려 가고, 산사태가 나서 큰 피해가 발생하기도 합니다. 또한 토양이 산성화되어 식물이 자라기 어렵게 됩니다. 산불이 나면 망가진 생태계가 회복하는 데 수십 년 이상 걸리지요.

》 산불이 나야만 《 번식하는 식물도 있어

그러나 산불이 항상 나쁜 영향만 주는 것은 아니에요. 숲이 오래되면 나무가 햇빛을 가려서 작은 풀들은 자랄 수 없게 되고, 그래서 이 풀을 먹고 사는 작은 초식 동물도 사라지죠. 하지만 산불이 나면 그 이후에 새로운 풀과 나무들이 자라면서 다양한 곤충과 동물들이 유입되어 생태계 다양성이 증가하는 장점이 있어요.

프랑스 환경과학연구소가 프랑스 남동부 40개 지역, 호주 남서부 10개 지역을 대상으로 과거 50년 동안 산불이 발생하지 않은 지역과 산불을 겪은 지역을 조사한 결과, 산불이 나지 않은 지역에는 평균 20~35종의 식물이 사는 반면 산불이 난 지역에는 평균 50종의 식물이 사는 것으로 밝혀졌어요. 우리나라 산림청 국립산림과학원이 지난 2000년 고성, 강릉, 삼척 일대에 산불이 난

후에 이 불이 생태계에 미친 영향을 조사한 결과에도 산불이 나기 전보다 더 다양한 곤충이 살고 있는 것으로 나타났다고 해요.

산불에 적응하며 진화한 생물 종도 있어요. 세쿼이아, 방크스소나무, 방크시아, 킹프로테아의 열매들은 고온에서 발아하기 때문에 산불이 났을 때만 번식을 할 수 있어요.

그래서 미국 서부의 국립공원은 산불이 일어나도 일정한 규모가 되기 전까지 놔두는 '렛 잇 번(let it burn)' 방침을 지키고 있어요. 또 호주의 환경보호국은 서부 지역에 3~5년에 한 번씩 인위적인 불을 내기도 해요. 산불이 너무 안 나면 낙엽 등이 오래 쌓여서 다음 불이 날 때 지나치게 커져 버릴 수 있기 때문이죠. 단 이러한 정책은 해양성 기후에나 적합해요. 땅이 비옥하지 못한 열대 우림이나 겨울에 건조한 우리나라에 실시하면 토양이 척박해져서 생태계가 복원되기 어려울 수도 있지요. 이렇게 산불에는 장점과 단점이 같이 있어요.

》 산불과 기후 위기의 《 악순환을 끊으려면

하지만 21세기 들어 전 세계적으로 대규모 산불이 이전과는 비교가 안 될 정도로 많이 일어나고 있어요. 여러 이유가 있는데 그중 가장 중요한 것은 기후 위기죠.

지구 전체의 기온이 올라가니 이전보다 지표면의 물이 증발하는 비율이 높아졌어요. 그러면 공기 중 수증기가 많아져서 비가 많이 오게 돼요. 실제로도 지구의 강수량이 증가하고 있다는 연구 결과가 많아요. 그런데 이게 지역마다 들쭉날쭉해요. 기존에 건조한 기후였던 곳은 여전히 비가 잘 오지 않는데 지표의 물 증발량은 늘어서 더 건조해져요. 그러니 자연 발생하는 산불이나 들불이 이전보다 잦아진 거죠.

거기다 기후가 변해 가뭄이 심해지는 곳에서는 죽는 나무들이 늘어나요. 이렇게 죽은 나무는 바싹 말라서 산불을 키우는 불쏘시개가 됩니다. 미국 캘리포니아주에는 이런 고사목이 무려 1억 2,900만 그루나 있다고 해요.

문제는 이렇게 산불이 일어나면 그동안 광합성으로 이산화탄소를 흡수하던 식물들이 사라져서 기후 위기를 더 악화시킨다는 거예요. 기후 위기가 산불을 낳고, 산불이 다시 기후 위기를 심각하게 만드는 악순환이 계속됩니다. 기후 위기의 원인인 이산화탄소 증가를 하루빨리 억제하는 것만이 전 세계 산불의 해결책이네요.

🌱 2018년 유엔 기후변화협약 당사자 총회(COP24)의 의의

제 24차 유엔 기후변화협약 당사자 총회

여기는 폴란드 카토비체, 2018년 COP24가 열리는 현장에 나와 있습니다.

우리나라 대표단도 도착했군요. 대표는 환경부 장관입니다.

반갑습니다.

이번 총회에서는 정의로운 전환을 정상 선언문에 반영했습니다.

정의로운 전환이란 저탄소 사회로 전환하는 과정에서 발생하는 실직 인구 등 취약 계층을 사회가 포용해야 한다는 건데요.

실직자에게 다른 일자리를 마련하고 새로 살아갈 방법을 만드는 게 정말 중요하죠.

다시 총회 현장입니다.

파리협정

파리 협정의 구체적인 세부 이행 지침을 정합시다.

• 기후 위기 극복
• 지구 평균 온도 상승 폭 산업화 이전 대비 2도 이하로 유지 나아가 1.5도 이하로 제한

이번 총회의 가장 큰 목적이죠.

2020년까지 각국이 온실가스 국가 감축 목표를 유엔에 제출해야 해요.

선진국들이 개발 도상국에 기후 위기 극복에 필요한 자금을 제공해야죠.

각국의 온실가스 감축 상황을 보고하고 점검하는 체계를 구축합시다.

물론이죠. 기술 이전을 어떻게 할지도 정합시다.

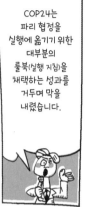

COP24는 파리 협정을 실행에 옮기기 위한 대부분의 룰북(실행 지침)을 채택하는 성과를 거두며 막을 내렸습니다.

2050년!

탄소 중립을 선언합니다.

지금은 2020년, 대통령이 탄소 중립을 선언하고, 정부는 유엔에 제출할 안을 마련하고 있습니다.

재생 에너지 발전 비중, 전기·수소 자동차, 제로 에너지 건축물 확대 등 다양한 분야에서 실행 방안을 세웠습니다.

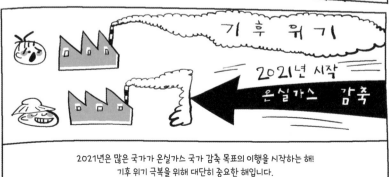

기 후 위 기

2021년 시작

온실가스 감축

2021년은 많은 국가가 온실가스 국가 감축 목표의 이행을 시작하는 해! 기후 위기 극복을 위해 대단히 중요한 해입니다.

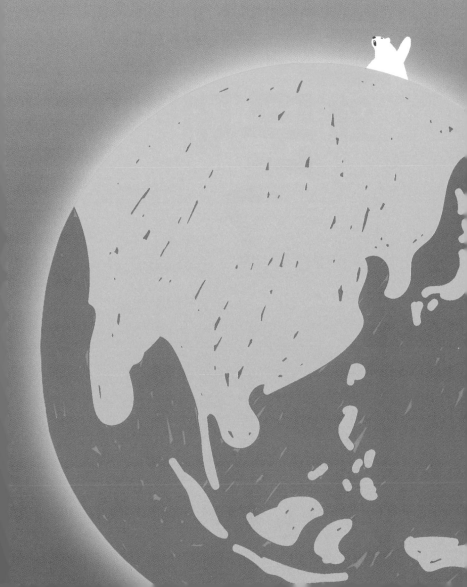

2장

육식과
기후 변화

10

소가 트림을 하는 게 왜 문제일까?

키가 크려면 우유를 많이 먹으라고들 해요. 우유에는 칼슘과 단백질 등이 풍부하게 들어 있기 때문이죠. 그런데 잠깐! 소는 풀을 먹는 초식동물이고 풀에는 단백질이 별로 없어요. 그런데 소는 어떻게 단백질이 가득한 우유를 만들 수 있을까요?

소의 주식인 풀은 소화시키기 굉장히 어려워요. 특히 식물의 세포벽 성분인 셀룰로스는 소 스스로 분해할 수 없어요. 그래서 소는 네 개의 위장을 가지고 아주 천천히 소화를 시키죠. 그중 첫 번째 위에는 소가 먹은 풀을 소화시키는 다양한 미생물들이 살고 있어요. 소가 먹은 풀이 네 개의 위 가운데 첫 번째 위에 도착하면 미생물들이 각기 맡은 임무대로 풀을 분해하죠. 어떤 미생물은 식물의 세포벽 성분인 셀룰로스를 분해해서 포도당을 만들고, 또 다른 미생물은 포도당을 분해해요. 이때 미생물도 풀을 분해하면서 얻는 영양분을 이용하여 숫자가 확 늘어납니다.

》 트림으로 나오는 메탄은 《
강력한 온실가스

첫 번째 위에서 어느 정도 소화가 끝나면 두 번째 위와 세 번째 위로 내용물을 넘겨요. 이때 풀을 분해해서 얻은 영양분으로 열심히 동족을 늘리던 미생물들도 같이 넘어가요. 두 번째와 세 번째 위에서는 단백질 분해 효소가 나와서 풀과 함께 넘어간 미생물을 분해해서 흡수합니다. 즉 우리가 먹는 우유 속 단백질은 소의 첫 번째 위에 사는 미생물을 분해해서 얻은 것이지요.

　말도 마찬가지예요. 겉에서 보면 소는 뚱뚱하고 말은 날씬해 보이는데 소는 위가 네 개나 되지만 말은 하나뿐이기 때문이죠. 그렇다면 말은 풀을 어디서 소화시키는 걸까요? 소의 위에서 일어나는 일이 말의 소장 뒤쪽에서 일어납니다.

　이렇게 소의 위와 말의 소장에는 미생물이 풍부하고, 미생물들은 산소 없이 풀을 분해해요. 산소 없이 일어나는 분해를 혐기성 분해라고 하며, 이 과정에서 메탄이 발생해요. 이 메탄은 소나 말의 트림이나 방귀를 통해 몸 밖으로 나오게 됩니다.

　그런데 메탄은 이산화 탄소보다 온실 효과가 23배나 더 강합니다. 2020년 현재 전 세계에 10억 마리 가까운 소들이 있으니 이들이 내뿜는 방귀와 트림이 지구를 덮히기에 부족함이 없겠지요?

》축산업이 차보다 《 더 많은 온실가스를 배출해

그런데 소나 말을 기르는 일이 온실가스 배출량을 높이는 이유는 또 있습니다. 말과 소를 키우려면 넓은 초원이 필요한데, 숲을 태워 초원을 만드는 게 아주 큰 문제죠. 숲은 초원보다 이산화 탄소 흡수율이 몇 배나 더 큰데, 축산 때문에 파괴되면 그만큼 이산화 탄소 발생량이 늘어나는 효과가 나타나는 거죠. 거기다 태우는 과정에서 발생하는 블랙 카본은 이산화 탄소보다 최대 4,470배나 온실 효과가 큰 물질이에요. 또 이때 같이 나오는 아산화 질소(N_2O)는 이산화 탄소보다 300배 이상 온실 효과가 큰 물질인데, 전 세계 아산화 질소 배출의 65%가 축산업에서 발생해요. 해마다 되풀이되는 아마존 열대 우림의 화재도 브라질 농장주들이 소를 키울 공간을 확보하고, 옥수수와 콩 같은 동물 사료를 재배하기 위해 숲에 불을 질러 개간을 하는 과정에서 일어나고 있어요.

현재 인구 증가 추세로 보면 매년 2억 톤 이상의 육류가 추가로 필요하다고 해요. 이 말은 더 많은 소와 돼지, 양들을 사육해야 하고 그만큼 더 많은 온실가스가 나오게 된다는 뜻이지요. 육식이 기후 위기의 주범 중 하나인 이유입니다.

유엔 식량농업기구의 발표에 따르면 축산업을 통해 배출되는 온실가스는 지구 전체의 16.5%에 달한다고 해요. 차가 뿜는 온실가스가 15% 정도이니 그보다 양이 더 많습니다.

11

옥수수와 콩을 누가 더 먹을까?

여름에는 찐 옥수수를 많이 먹지요. 따뜻할 때 먹어도 좋고 식어도 맛있어요. 단백질이 풍부해서 밭에서 나는 고기라고 부르는 콩도 몸에 좋아서 많이 먹지요. 그런데 옥수수와 콩은 사람보다도 가축들이 훨씬 더 많이 먹는다고 해요. 먹이를 위해 밀림이 콩밭과 옥수수밭으로 변할 정도라는데 도대체 얼마나 많이 먹는 걸까요?

옥수수는 중남미가 원산지인데 건조한 지역에서도 잘 자랍니다. 옥수수가 건조한 지역에서 잘 자라는 데는 비밀이 하나 숨어 있지요. 식물이 광합성 작용을 하는 건 다들 알죠? 햇빛을 받아 물과 이산화 탄소로 포도당을 만드는 작용인데, 물은 뿌리를 통해 공급받고 이산화 탄소는 잎 뒷면의 기공이라는 구멍을 통해 공급받습니다.

》 세계적으로 가장 많이 키우는 《
옥수수와 콩

그런데 기공은 잎 안에 저장되어 있던 물을 증발시켜 내보내는 역할도 해요. 그래서 잎 안의 수분 하나하나가 소중한 건조한 지역의 식물은 낮에는 기공을 잘 열지 않아요. 건조한 곳에 사는 옥수수 같은 식물은 낮에는 명반응*만 하고 암반응**은 하지 않아요. 밤이 되면 기공을 열고 나머지 암반응을 하지요. 아무래도 밤이 되어 기온이 내려가면 수분 증발이 덜하니 그걸 노린 거예요.

콩에 대해서도 조금 배우고 갈까요? 농사를 2~3년 지으면 식물이 흙의 양분을 다 빨아먹어 농사를 지어도 수확량이 별로 많지 않은데, 이럴 때 콩을 심어요. 콩은 흙의 양분이 별로 없어도 잘 자라기 때문이죠. 콩이 다 맺히면 콩은 수확하고 나머지 잎이며 줄

★ 광합성 작용 중 빛을 받아 물을 산소와 수소로 분해하는 과정
★★ 광합성 작용 중 이산화 탄소와 수소로 포도당을 합성하는 과정

기는 비료로 써요.

　콩이 이렇게 메마른 흙에서도 잘 자라는 건 뿌리혹박테리아 덕분입니다. 식물에도 단백질은 중요한 영양분인데 아미노산이란 물질들로 만들어져요. 아미노산을 만들려면 꼭 필요한 게 질소(N)입니다. 질소는 공기 중에 있지만, 식물은 공기 중의 질소 분자를 흡수할 수 없어서 흙 속에 있는 암모늄(NH_4) 이온이나 질산(HNO_3) 이온 등을 흡수해야 하죠. 흙에 영양분이 없다는 것은 바로 이 암모늄 이온과 질산 이온이 부족하다는 걸 뜻해요. 그런데 콩은 뿌리에 난 혹 속에 사는 뿌리혹박테리아가 공기 중의 질소 분자를 질산 이온으로 만들어요. 그러니 콩과 식물들은 흙에 양분이 없어도 잘 자랍니다.

　이렇게 옥수수와 콩은 비가 잘 오지 않아도, 흙에 양분이 별로 없어도 잘 자라기 때문에 예로부터 가난한 사람들이 많이 심고 또 먹었어요. 적은 비용으로 어떤 곳이든 잘 자라니 벼나 밀, 보리보다 당연히 가격도 싸죠. 그래서 요사이는 오히려 가축들의 사료로 많이 이용되는 거예요. 옥수수는 전 세계에서 가장 많이 생산되는 곡물인데 사람이 먹는 양보다 훨씬 더 많은 양을 가축 사료로 사용하고 있어요. 그리고 옥수수에 부족한 단백질을 보충하기 위해 콩을 사료로 사용하죠.

» 육식을 많이 할수록 «
숲이 사라져

그런데 육류 소비가 늘어 가축 사료인 옥수수와 콩이 대량으로 필요해지면서 재배 면적도 넓어지고 있어요. 통계에 따르면 전 세계에서 1960년부터 2010년까지 50년 동안 새로 개간한 땅의 65%가 가축 사료를 생산하기 위한 용도였다고 합니다.

지난 10년 동안 전 세계 육류 소비량은 매년 1.9%씩 증가했어요. 유제품 소비량은 매년 2.1% 증가했지요. 인구가 증가하는 속도보다 거의 두 배에 가까운데 그만큼 한 명당 육류 소비가 늘었다는 거죠. 이러다 보니 전 세계 농지 중 80%가 가축을 먹이기 위한 사료 재배에 이용되고 있어요. 그리고 지금도 그 면적은 계속 늘고 있지요.

그런데 농지가 늘어나는 만큼 숲이 사라지고 있어요. 지구의 허파라고 하는 아마존 밀림도 옥수수와 콩 경작지를 만들기 위해 불태워지고 있지요. 유엔 식량농업기구에 따르면 소나 양, 염소는 2015년 41억 마리에서 2050년이 되면 58억 마리로 늘어날 거래요. 닭은 더 많아서 현재 사육 중인 닭이 인류의 3배 정도인 230억 마리가 되고요.

흔히 농사는 친환경적이라고 생각하지만, 기존의 숲이나 초원을 밭으로 만드는 것은 대단히 반환경적인 일입니다. 일단 그곳의 생태계가 파괴되지요. 소나무, 느티나무, 떡갈나무, 진달래, 개나리, 제비꽃, 코스모스 등 여러 식물이 존재하고, 식물들과 같이 사는 곤충이며 벌레, 그들을 먹이로 삼는 다른 동물들이 다양한 생태계를 구성하던 곳에 옥수수나 콩 단일 품종만 잔뜩 기르는 것이 어떻게 친환경적이겠어요? 거기다 이산화 탄소를 흡수하는 능력도 숲보다 훨씬 떨어지니 기후 위기를 가속화시키는 일이 됩니다.

12

동물에게도 복지가 필요해?

제주도에 가면 넓은 초원에서 한가로이 풀을 뜯고 있는 말을 볼 수 있어요. 다큐멘터리를 보면 소나 양들이 넓은 목장에서 노니는 모습도 나오지요. 하지만 이렇게 자유롭게 사육되는 가축은 사실 아주 적어요. 우리가 먹는 고기는 대부분 공장식으로 키워집니다.

40~50년 전에는 집에서 고기를 구워 먹는 게 아주 특별한 일이었어요. 고기가 너무 비싸서 고기를 조금 사서 국을 끓여 먹었지요. 여름에 복날이면 삼계탕을 먹었던 것도 너무 비싼 소나 돼지고기 대신 싼 닭을 한 마리 사서 가족 전체가 나눠 먹으려고 탕을 끓인 거죠. 하지만 요사이 대부분 집에서 돼지고기 정도는 어렵지 않게 구워 먹을 수 있어요. 그만큼 고깃값이 싸진 거죠.

》 고깃값이 싼 게 《 좋은 일일까?

고깃값이 싸진 것은 공장식 축산으로 가축을 키우는 비용이 많이 줄어들었기 때문입니다. 전 세계 가축 농장의 90% 이상은 공장식 축산을 합니다. 공장 하면 똑같은 모양과 품질의 제품을 대량으로 만들어 내는 것이 떠오르지요? 공장식 축산이란 바로 이런 방식으로 최소한의 비용을 들여 최대한 많은 고기나 우유를 만드는 걸 말합니다. 싸니까 좋은 거 아니냐고요? 하지만 공장식 축산에는 심각한 문제가 있어요.

우선 비용을 줄이기 위해 좁은 공간에 최대한 많이 키워요. 마치 만원 버스에 탄 것 같은 상태로 태어나서 죽을 때까지 버티는 거죠. 만원 버스야 잠깐 탔다가 내리면 되지만 소나 돼지는 빽빽한 곳에서 평생을 지냅니다. 닭도 마찬가지죠. 날개를 펼 수 없을 정도로 좁은 곳에서 키웁니다. 거기다 자기가 사는 곳에 똥을 누고 오줌도 눠야 해요. 하루에 한두 번씩 치운다고는 하지만 얼

육식과 기후 변화

마나 힘들고 괴로울까요? 원래 소나 돼지도 자연 상태에선 사는 곳과 배설하는 장소가 떨어져 있어요. 당연한 일이죠.

그러니 스트레스를 받아서 바로 옆의 돼지나 닭들을 공격하기도 해요. 꼬리나 귀를 물어뜯고 부리로 쪼아 대지요. 이런 일을 방지하려고 돼지는 태어나자마자 송곳니와 꼬리를 자르고 닭은 부리 끝을 없애요. 마취도 하지 않고 말이죠. 얼마나 고통스러울까요?

》 동물도 동물다운 생활을 《
누릴 수 있어야

젖소를 키우는 곳에선 수컷은 필요 없으니까 송아지 고기를 만들어 팔아요. 송아지 고기는 연한 육질을 최상급으로 치기 때문에 목에 밧줄을 묶어 앉지도 서지도 못하게 하고 철분을 없앤 사료만 먹이다 죽인다고 해요. 달걀이 중요한 닭도 수컷은 필요 없으니까 알에서 부화하면 바로 식재료로 사용됩니다.

또 이렇게 좁은 곳에서 대량 사육을 하면 질병에 아주 취약해져요. 그래서 약을 무지하게 많이 쓰지요. 세균을 죽이는 항생제는 일상적으로 사용해요. 그러고도 조류 인플루엔자나 돼지 열병 같은 질병이 발생하면 그 주변 축사의 동물들까지 아예 살처분하죠. 살처분이 뭐냐고요? 말 그대로 다 죽이는 거예요. 한 마리 한 마리 죽이려면 힘들고 시간도 많이 드니까 땅을 아주 크게 파고 거기에 산 채로 다 묻어 버리지요.

요사이 동물 복지 이야기가 많이 나오고, 그를 위한 운동도 활발해져서 공장식 축산에 대한 비판 여론이 높아졌어요. 최소한 살아 있는 동안이라도 동물이 동물다운 생활을 누릴 수 있도록 해야 한다는 거죠. 국제 수역 사무국은 동물 복지를 '건강하고 편안하고 영양 상태가 양호하며, 안전하고 정상적인 행동을 표현할 수 있고, 통증, 두려움, 고통과 같은 불쾌한 상태를 겪지 않는 것'으로 정의했어요. 정말 당연한 것 아닐까요?

그런데 동물 복지는 육식에 필요한 비용을 높게 만듭니다. 이전보다 비싸게 고기나 우유, 달걀을 사야 한다는 건데요, 이 갈등을 어떻게 해결해야 할까요?

13

식물로 만든 고기가 환경 문제를 해결할까?

공장식 축산은 동물들에게 스트레스를 줄 뿐만 아니라 각종 감염병에도 취약하게 합니다. 더구나 이렇게 기른 가축들이 만드는 온실가스 배출량도 어마어마하고, 사료인 옥수수와 콩 경작을 위해 숲을 개간하면서 환경에 여러 나쁜 영향을 끼쳐요. 공장식 축산의 문제를 해결할 대안이 있을까요?

육식으로 생기는 환경 문제를 해결하는 방법 중 하나는 육식을 줄이는 것입니다. 전 세계 모든 사람들이 세계 보건 기구가 제안한 채식 위주의 식단을 채택하면 연간 510만 명이 덜 사망하고, 가축에서 발생하는 온실가스 배출량은 29%나 줄일 수 있다고 해요. 이 식단에 맞추려면 과일과 채소 비중은 평균 25% 늘리고 고기 소비는 56% 정도 줄여야 합니다. 고기 먹는 양을 지금보다 반 이상 줄여야 한다니! 육식을 줄여서 이산화 탄소 발생량을 줄인다는 게 말처럼 쉬운 일은 아닙니다.

》육식 자체를 《
금지할 수는 없어

전 세계 인구가 끊임없이 증가하고 있어서 일 인당 육류 소비를 줄여도 전체적인 육류 이용은 늘어날 수밖에 없어요. 또 단백질 등 육식으로 쉽게 얻을 수 있는 영양분을 채식만으로 얻는 게 말처럼 쉽지 않아요. 더구나 개인의 식습관을 강제할 수도 없고요.

'난 죽어도 일주일에 두 번은 삼겹살을 먹어야 돼!' 하는 사람에게 억지로 풀만 먹일 순 없죠. 물론 육식을 줄이자는 캠페인을 벌이거나 학교 급식이나 사내 식당 등에서 채식 위주의 식사를 장려할 수는 있지만, 육식 자체를 금지할 수는 없어요.

또 다른 하나는 고기를 기존과 다른 방법으로 공급하는 겁니다. 두 가지 방법이 있는데 하나는 식물을 원료로 고기를 만드는 것이고 다른 하나는 동물 세포를 배양해 고기를 만드는 것입니다.

그중 식물을 원료로 고기를 만드는 것을 대체육이라고 해요. 미국에서는 비욘드 미트나 임파서블 푸드 같은 벤처 기업들이 제품을 판매하는데 꽤 호응이 좋습니다.

우리가 흔히 먹는 라면의 건더기 수프 중 고기처럼 보이는 것이 바로 대체육입니다. 주로 콩을 원료로 만들어서 콩고기라고도 하죠. 고기는 다른 식재료와 비교했을 때 필수 영양소인 단백질이 아주 풍부합니다. 식물 중 단백질이 풍부한 것이 바로 콩이어서 대체육의 주재료가 됩니다.

》 식물로 만든 고기의 맛과 색, 《 육즙은 어떨까?

그럼 고기의 맛을 내는 육즙은 어떻게 만들까요? 육즙은 단백질이 분해된 아미노산과 지방으로 이루어져 있습니다. 지방은 주로 코코넛오일이나 해바라기유를 첨가해서 만들지요. 고기의 선명한 붉은색은 그 자체로 식욕을 자극하죠? 대체육도 시각적 효과를 위해 비트 주스를 첨가하거나 레그헤모글로빈을 넣어 붉은색을 냅니다.

고기가 붉은 것은 산소를 전달하는 적혈구의 헤모글로빈이나 근육의 미오글로빈 때문이에요. 식물 중에도 이와 유사한 물질이 있는데 바로 레그헤모글로빈입니다. 레그헤모글로빈은 콩과 식물의 뿌리혹에 있어요. 뿌리혹에는 뿌리혹박테리아가 살고 있는데 이들은 산소가 없는 환경에서 살아야 해요. 그런데 자기들이 물질대사를 하는 중에 산소를 내놓지요. 이 산소를 레그헤모글로빈이 바깥으로 빼냅니다. 레그헤모글로빈은 구조도 헤모글로빈과 거의 같고 색도 붉은색이라 식물 고기의 붉은색을 내기에 안성맞춤입니다. 그런데 레그헤모글로빈을 콩에서 추출하려면 비용이 많이 들어요. 실제로는 유전 공학으로 처리한 맥주 효모를 이용해 대량 생산합니다. 일종의 유전자 변형 식품(GMO)인데, 미국 식품의약국(FDA)에서 안전성을 인정받았습니다.

식물로 만든 고기 대체육의 개발 역사는 아주 길어요. 고기보다 저렴한 비용으로 공급할 수 있는 장점이 있었으니까요. 그러나 저렴하게 공급하려다 보니 맛이나 식감 등에서 아무래도 고기에서 기대하는 정도에 미치지 못했어요. 그러나 지금은 비용이 문제가 아니라 공장식 축산과 이산화 탄소 배출이라는 두 가지 심각한 문제를 해결하는 것이 더 중요한 과제가 되었어요. 그래서 더 많은 이들이 찾을 수 있도록 비용이 더 들더라도 고기와 거의 같은 느낌이 나도록 개발하고 있습니다. 지금은 맛이나 향, 식감 등에서 진짜 고기와 아주 비슷하다고 해요. 우리나라에서도 대체육 햄버거가 판매되고 있습니다.

14

실험실에서 고기를 만든다고?

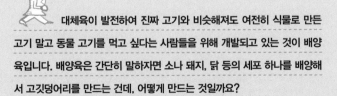

대체육이 발전하여 진짜 고기와 비슷해져도 여전히 식물로 만든 고기 말고 동물 고기를 먹고 싶다는 사람들을 위해 개발되고 있는 것이 배양육입니다. 배양육은 간단히 말하자면 소나 돼지, 닭 등의 세포 하나를 배양해서 고깃덩어리를 만드는 건데, 어떻게 만드는 것일까요?

2020년 말에 배양육이 식품으로 승인받아 싱가포르에서 처음으로 시판되었어요. 하지만 배양육의 평균 추정 가격이 1킬로그램에 수십만 원에 달할 정도로 비싸서 가격을 떨어뜨릴 방법을 찾는 게 과제입니다.

배양육을 만드는 방법은 생각보다 쉽지 않습니다. 동물 몸의 세포는 대부분 몇 차례 세포 분열을 하면 더 이상 분열할 수 없기 때문입니다. 동물 세포의 염색체 끝에는 텔로미어라는 것이 달려 있는데 이게 있어야 세포 분열 때 염색체 복제가 가능해요. 그런데 세포 분열을 한 번 할 때마다 텔로미어가 조금씩 줄어들어서 완전히 없어지면 세포 분열을 중단합니다. 즉 일반 세포는 세포 열몇 개를 만들면 더 이상 배양되질 않아요.

》 배양육을 만들려면 《
줄기세포가 필요해

이렇게 배양된 고기는 눈으로 볼 수 없을 정도로 작지요. 그래서 줄기세포를 찾아야 합니다. 줄기세포는 분열할 때마다 스스로 텔로미어를 보충하기 때문에 분열 횟수에 제한이 없고 어떤 종류의 세포로도 분열할 수 있어요. 줄기세포를 소의 태아 혈청 속에 넣어주면 줄기세포가 혈청의 영양분을 흡수하여 근육 세포가 되고 근육 조직이 됩니다. 며칠 동안 계속 분열하면 국수 가락 모양의 단백질 조직이 만들어진다고 해요. 하지만 근육 세포와 근섬유는 또 좀 달라요. 근섬유를 만들기 위해서는 또 다른 공정이 필요하니 엄청 복잡하지요.

2013년 배양육이 처음으로 성공했을 때는 햄버거 패티 하나 만드는 데까지 32만 달러, 우리 돈으로 3억 6천만 원 가까이 들었어요. 지금은 250달러, 우리 돈으로 30만 원 정도 된다고 해요. 아직도 많이 비싸죠. 대량 생산이 가능해지면 패티 하나에 1만 원 정도까지 내려갈 수 있다고 하지만 그래도 비쌉니다.

》 배양육의 이산화 탄소 감소 효과는 《 별로 크지 않아

배양육 가격이 비싼 이유는 배양액으로 쓰는 소 태아 혈청이 아주 비싸기 때문입니다. 임신한 소의 태아에서 추출해야 하니 과정이 까다롭죠. 또 아직 소의 자궁 속에 있는 태아로부터 혈청을 추출한다는 것 자체를 문제 삼는 이들도 있어요. 그래서 소 태아 혈청을 대신할 물질을 개발했는데 아직은 실험 단계입니다.

배양육은 가격이 비싼 것 말고도 문제가 또 있어요. 일단 시간이 오래 걸려요. 현재 세포 하나로 치킨너깃 한 개 만드는 데 2주가량 걸려요. 이것은 가격을 높이는 요인이 되기도 하고, 대량 생산을 힘들게 하는 이유가 되기도 하죠. 세포 배양에 쓰이는 유전자 편집 기술도 문제입니다. 일종의 유전자 변형 식품(GMO)이기 때문이죠. 물론 GMO 식품이 정말 몸에 나쁜지에 대해 아직 명확한 증거는 없지만, 식품의 안전성에 대한 염려가 존재합니다.

더 결정적인 문제는 이산화 탄소 감소 효과가 크지 않다는 거

육식과 기후 변화

예요. 불과 7% 정도 줄이는 데 그칠 뿐이라고 해요. 이것은 배양 과정에서 굉장히 많은 전기 에너지를 쓰기 때문이기도 하고, 배양액 자체를 소에서 추출하기 때문이기도 해요. 전기를 신재생 에너지를 통해 만들고 배양액을 다른 방법으로 대체할 수 있다면 이산화 탄소 감소 효과가 더욱 커질 순 있겠지만, 현재로선 대체육과 비교할 수준이 되지 않는 게 사실입니다.

물론 가축을 사육하는 것에 비하면 환경 오염이 거의 발생하지 않고, 공간도 덜 차지하고, 살아 있는 생명을 해치지 않는다는 장점은 있습니다. 하지만 대체육이 가격이나 온실가스 감축 등을 봤을 때 더 효율적인 것은 사실입니다. 더구나 맛이나 식감에서도 진짜 고기와 차이가 거의 없기도 하고요. 그래도 식물로 만든 가짜 고기보다 '진짜 고기'를 선호하는 사람들이 존재하는 한 배양육 개발은 계속될 것으로 보여요. 여러분은 대체육과 배양육 중 어떤 걸 선호하나요?

15

육식이 바다를 아프게 한다고?

육식에는 소, 돼지, 닭 등의 육상 동물뿐 아니라 연어나 조기, 굴, 조개 등 어패류를 먹는 것도 포함됩니다. 따라서 육식은 바다 생태계에도 큰 영향을 미칩니다. 그런데 잡아먹히는 어패류뿐 아니라 육식은 바다 전체를 아프게 하는데요, 육식이 바다 생태계에 어떤 영향을 줄까요?

육식이 바다를 아프게 하는 이유 중 하나는 해양 부영양화입니다. 해양 부영양화는 비료나 축산 폐수 등이 빗물에 씻겨 강을 타고 바다로 들어가 물속에 영양분이 과잉 공급되는 현상입니다. 농사에 쓰는 비료에는 인(P)이나 질소(N) 성분이 많습니다. 축산 폐수에는 동물의 똥과 오줌이 대부분인데 여기에도 인과 질소가 많아요. 인과 질소는 모든 생명체에 필수적인 성분으로, 인은 DNA나 RNA 그리고 ATP 등을 만들 때 필요해요. 세포 분열을 하기 위해선 인이 풍부해야 하지요. 질소는 단백질을 구성하는 아미노산의 필수 성분으로, 이 또한 세포 분열을 하는 데 필요합니다.

》 영양분 과잉으로 《
죽음의 바다가 될 수 있어

그렇다면 바닷물 속에 영양분이 풍부해지면 좋은 게 아닐까요? 아니에요. 인과 질소가 많이 공급되면 바다는 세포 분열하기 딱 좋은 상황이 됩니다. 바다의 조류가 아주 빠르게 번식하죠. 흔히 적조 현상이라고 하는데, 조류가 빠르게 늘어나면 이들이 호흡하는 과정에서 물속의 산소를 빠르게 소비합니다. 그 결과로 산소가 사라지면서 바다 생물들이 떼죽음을 당합니다. 생물들이 죽으면 미생물 등이 이들을 분해하는 과정에서 또 인이나 질소가 빠져나와 이차적으로 부영양화가 일어납니다. 결국 적조가 발생한 지역의 생물들이 웬만큼 다 죽거나 태풍 등으로 주변의 바닷물과 섞여야 적조가 끝납니다. 축산업은 해양 부영양화의 가장 큰 원인으로, 독성 해조류를 증가시키고 산소를 고갈시켜 죽음의 바다를 만드는 주범이 됩니다.

》가축 사료로 쓰려고 《
새끼 물고기를 마구 잡아

육식이 바다를 아프게 하는 두 번째 이유는 남획입니다. 남획이란 짐승이나 물고기를 마구 잡아들인다는 뜻인데, 지금 바다 생물들이 인간의 남획에 시달려 씨가 마를 지경이라고 해요. 남획으로 물고기가 줄어들면 번식을 해서 새로 새끼를 낳을 개체가 줄어들어요. 그러면 그물을 쳐도 잡히는 물고기가 적으니 작은 물고기까지 싹 잡아들여요. 그러다 아예 씨가 말라 버리는 지경에 이르지요.

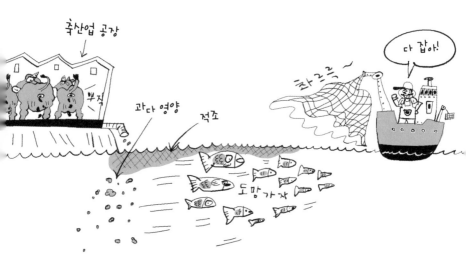

육식과 기후 변화

대표적인 예가 동해의 명태입니다. 명태 새끼가 노가리인데 1970년부터 노가리 어획량이 확 늘어났어요. 1976년에는 전체 명태 어획량의 94%를 차지했지요. 이렇게 잡아들이다 보니 씨가 말랐어요. 2008년부터 우리나라 동해안의 명태 어획량은 0입니다. 동해에서 명태가 완전히 사라진 거죠.

다른 어류도 다르지 않아요. 참조기는 2016년 기준으로 어린 새끼가 잡히는 비율이 안강망 어업[*]에서 93.8%, 유자망 어업[**]에서 54.4%로 나타났어요. 새끼들은 주로 양식 어류의 사료로 씁니다. 새끼를 보호했더라면 잘 자랐을 참조기 500마리가 1.5킬로그램짜리 양식 광어 3마리의 먹이로 사용됩니다.

이처럼 물고기를 남획하는 이유 중 가장 중요한 것은 가축 사료로 쓰기 위해서입니다. 전 세계 어획량의 3분의 1은 공장식 어류 양식, 양돈장, 양계장 등의 사료로 쓰인다고 해요. 연구 결과에 따르면 50년 전보다 해양 어류의 양은 90%가 줄었다고 해요. 그래서 세계 중요 어장 15개 중 11개가 붕괴했거나 붕괴하는 과정에 있습니다.

★ 조류가 빠른 해역의 입구에 자루 모양의 그물을 닻으로 고정시켜 놓고 조류에 밀려 들어온 어류를 걷어 들이는 방식
★★ 커다란 사각형 그물을 물의 흐름에 따라 흘러가도록 하면서 그물코에 걸리는 어류를 잡는 방식

》 육식을 줄이면 《
해양 생태계가 건강해져

큰 고기를 마구 잡아들이면 물고기 크기 자체가 작아지기도 해요. 실제로 1975년에는 평균 32센티미터였던 고등어가 2001년에는 평균 27센티미터로 5센티미터나 줄었어요. 일종의 진화라고 볼 수 있죠. 대부분의 물고기는 번식을 시작하면 성장을 멈춰요. 언제 잡힐지 모르는 상황에서 일찍 짝짓기를 하는 게 도움이 되니까 물고기 크기가 작아진 거로 보입니다.

해양 생태계의 파괴는 단지 먹을 물고기가 사라진다는 것 이상의 의미가 있습니다. 생태계가 건강해야 생물 다양성도 유지되지요. 플랑크톤을 먹는 2차 소비자인 물고기가 사라지면 플랑크톤이 이상 증식을 해서 적조 같은 현상이 나타나기도 하고, 산호초가 파괴되면서 생태계 전체가 무너질 수도 있어요. 육식을 줄이는 것은 바다 생태계의 유지를 위해서도 중요한 일입니다.

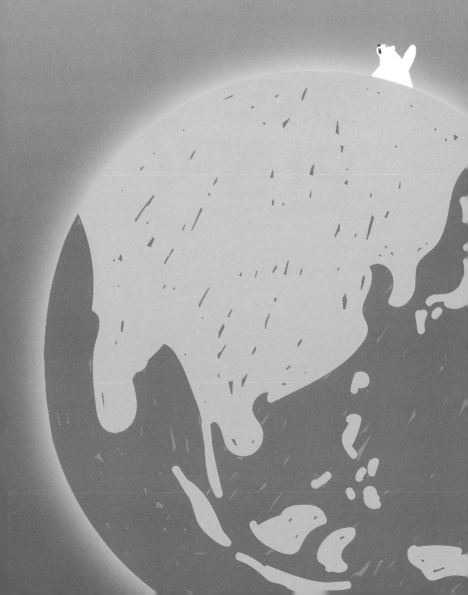

3장

플라스틱의 습격

16

플라스틱은 왜 분해가 안 될까?

아침에 이를 닦는 칫솔, 택배 상자 안에 내용물이 깨지지 말라고 넣는 완충재, 자전거를 탈 때 쓰는 헬멧과 무릎 보호대 모두 플라스틱으로 만들어요. 교복 안쪽을 보면 옷감을 면과 폴리에스터로 만들었다고 되어 있어요. 폴리에스터도 합성 섬유, 일종의 플라스틱이죠. 플라스틱은 어떤 성질을 가지고 있길래 우리 생활 곳곳에 사용될까요?

집에 반찬을 담는 통을 보면 유리나 사기로 된 것도 있지만 플라스틱으로 된 것도 많아요. 유리나 사기로 된 그릇은 무겁고 떨어뜨리면 쉽게 깨지지만, 플라스틱은 가볍고 잘 깨지지도 않아요. 또 다른 재료로 만든 것보다 플라스틱으로 만든 것이 대체로 더 쌉니다.

》 플라스틱을 분해할 《
세균이 없어

플라스틱은 원래 자연에 존재했어요. 껌이 대표적인 천연 플라스틱이죠. 그러나 요사이는 워낙 대량으로 생산해야 하니 대부분 석유를 원료로 합성 플라스틱을 만들지요. 플라스틱은 열과 압력을 가해 쉽게 원하는 모양으로 가공할 수 있는 특징이 있어요. 또 원하는 대로 단단하게 혹은 유연하게 만들 수 있고, 투명한 것부터 알록달록한 것까지 색상도 다양하게 낼 수 있지요. 그래서 다양한 종류를 만들 수 있고, 만드는 비용도 아주 싸요. 장점이 많다 보니 플라스틱은 우리 삶 모든 곳에서 사용됩니다.

그런데 점차 단점도 아주 크다는 게 드러났어요. 지금부터 약 50~60년 전부터 플라스틱 문제가 심각해졌죠. 가장 심각한 건 분해가 되지 않는다는 거예요.

플라스틱은 탄소와 수소를 중심으로 만들어진 유기 고분자 화합물입니다. 유기물이란 원래 생물 내에서 발견된다고 붙인 이름으로 탄소와 수소가 있는 화합물이란 뜻이고, 고분자란 원자들

이 수천 개, 수만 개 이상 모여 만들어진 물질이란 뜻이죠. 원래 유기물은 세균이나 곰팡이 등이 분해해요. 세균이 유기물을 분해하는 과정을 흔히 썩는다거나 발효된다고 말하죠. 그런데 이 플라스틱은 전에 없던 물질을 사람이 만들어 낸 거라 자연에게 생소한 거예요. 그러니 미생물들이 분해를 못 해요. 더구나 고분자 화합물이라 구조도 단단해서 그냥 놔두면 자연스레 분해되기까지 굉장히 오랜 시간이 걸립니다. 얼마나 오래 걸리냐고요? 스티로폼 컵은 무려 50년, 일회용 기저귀는 450년, 낚싯줄은 600년이 걸린다고 해요.

》슬기로운《
플라스틱 생활

물론 재활용하는 방법도 있어요. 하지만 플라스틱은 재활용하면 할수록 품질이 떨어져요. 그래서 한두 번 재활용한 뒤에는 버려야 하죠. 게다가 아예 재활용할 수 없는 것도 있어요. 결국은 다 버리게 되는데 분해되지 않으니 땅에 묻으면 땅이 몸살을 앓고 바다에 버리면 바다가 힘들어합니다. 그렇다고 태우면 유독 물질과 이산화 탄소가 많이 발생해 태울 수도 없어요. 이러다가 플라스틱 쓰레기로 땅이고 바다고 다 덮이는 날이 올 수도 있습니다.

세균에 의해 분해되는 '썩는' 생분해성 플라스틱을 개발하기도 했는데, 기존 플라스틱에 비해 비싸고 품질이 떨어져서 많이 사용하지 못하고 있어요. 과학자들이 계속 연구하면 품질 좋은 생분해성 플라스틱이 나올 수 있을 거예요. 하지만 그걸 기다리고만 있을 순 없지요?

간단해 보이지만 플라스틱을 덜 쓰고 대체품을 찾는 게 해결 방법이 될 수 있습니다. 일회용 비닐 봉투를 쓰지 말고, 플라스틱 빨대 대신 스테인리스나 종이 빨대를 이용해요. 플라스틱 용기도 되도록 적게 사용하고 불편해도 일회용 컵 대신 개인 컵을 사용합니다. 그런데 중요한 것은 플라스틱을 줄이고 대체품을 찾는 일에 소비자뿐 아니라 생산자인 기업들도 의무적으로 참가해야 한다는 거예요. 제품을 만들 때 과대 포장을 줄이고, 플라스틱 대신 대체품을 사용할 수 없는지 세심하게 살펴야 하는 거죠. 과도하게 플라스틱을 사용하는 기업에 물건을 똑바로 만들어 달라고 요구하는 것도 플라스틱 사용을 줄이기 위해 소비자인 우리가 할 수 있는 일입니다.

17

태평양에 새로 생긴 섬이 있다고 ?

서핑하는 사람들은 하와이로 서핑 여행을 떠나고 싶어 합니다.

태평양에서 다가오는 거대한 파도를 타면 소원이 없겠다는 분들도 있어요.

그런데 태평양 한가운데 자리 잡은 하와이 군도에서 아래쪽으로 조금 더 가

면 20세기에 갑자기 생긴 떠다니는 섬이 있다고 해요. 어떤 섬일까요?

하와이 빅아일랜드 남쪽 해안에서는 새로 생긴 떠다니는 섬이 보입니다. 정확히 말하면 태평양 거대 쓰레기 지대(Great Pacific Garbage Patch, GPGP)라 하죠. 간단히 쓰레기 섬이라고도 하고요. 태평양 연안의 나라에서 버린 둥둥 떠다니는 가벼운 쓰레기들이 모인 곳입니다. 90% 이상이 썩지 않는 비닐과 플라스틱으로, 1997년 미국의 찰스 무어 선장이 처음 발견했지요.

》 플라스틱과 비닐이 모여 생긴 《 쓰레기 섬

북태평양의 적도 부근에선 동에서 서로 북적도 해류가 흐르고, 서쪽 아시아 지역 주변에선 남에서 북으로 구로시오 해류가 흐릅니다. 북쪽에선 서에서 동으로 북태평양 해류가 흐르고 북아메리카 연안에선 북에서 남으로 캘리포니아 해류가 흐르지요. 전체적으론 시계 방향으로 흐르는 셈입니다. 그 안쪽 지역도 이 영향에 의해 시계 방향으로 원형의 순환 해류가 흐릅니다. 또 북위 30도 정도에서 북동쪽으로 편서풍이 불고 북위 60도 부근에선 남서쪽으로 극동풍이 불어요. 이런 바람과 해류의 영향으로 플라스틱 쓰레기들이 하와이 남쪽 바다에 모입니다.

2011년에는 대한민국 면적의 절반 정도였는데 10년 사이 엄청나게 커져서 지금은 한반도 면적의 7배인 160만km² 정도 됩니다. 10년 사이 15배나 커졌어요. 21세기 들어 이전보다 훨씬 더 많은 플라스틱 쓰레기가 버려지고 있다는 이야기죠. 쓰레기 양은 약

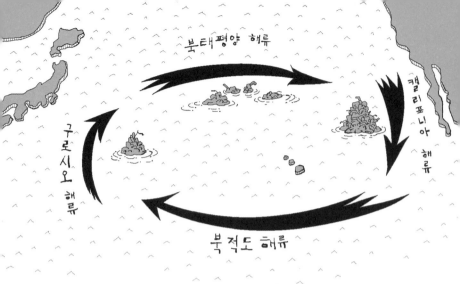

북태평양 해류

캘리포니아 해류

구로시오 해류

북적도 해류

8만 톤 정도로 1조 8,000억 개의 조각으로 나뉜 채 떠다니고 있습니다.

》새와 해양 생물 배 속에 《
플라스틱이 가득

오염 문제도 심각하지만 쓰레기 섬의 플라스틱을 먹이로 착각한 해양 동물의 피해도 심각해요. 주변 바다의 새들을 해부하면-물론 이미 죽은 새들이나 아파서 수술이 필요한 새를 해부하지요- 배 속에 플라스틱이 가득 차 있습니다. 새들이 직접 플라스틱을 먹기도 하고 새에게 잡아먹힌 물고기들이 먹은 플라스틱이기도 하죠. 게다가 어미 새가 플라스틱을 먹이로 착각하고 새끼에게 부리로 전해 주는 일도 발생하면서 심각성이 커지고 있어요. 더구나 이렇게 떠다니는 플라스틱은 햇빛과 파도 등에 잘게 부서져서 미

플라스틱의 습격

세 플라스틱이 됩니다. 눈에 겨우 보일 정도이거나 그보다도 작게 부서진 플라스틱들이 바다 생물들 체내에 쌓이는 건 당연한 일이지요.

》 플라스틱 섬은 《
모든 대양에 있다!

이런 플라스틱 쓰레기 섬은 북태평양에만 있는 것은 아닙니다. 남태평양과 북대서양, 남대서양, 인도양 등 넓은 바다에는 모두 원형 순환 해류가 있어요. 북반구에선 시계 방향으로 돌고, 남반구에선 반시계 방향으로 도는 것만 다르지요. 그리고 그 원형 해류의 한가운데는 어디나 플라스틱 쓰레기 섬이 있습니다. 참, 우리 인간이 바다에 몹쓸 짓을 한 거지요.

유엔 환경 계획에 따르면 1950년대 초부터 2015년까지 전 세계적으로 83억 톤 정도의 플라스틱이 생산되었는데, 그중 50억 톤 정도가 땅에 묻히거나 바다에 버려졌다고 해요. 현재도 매년 3억 톤의 플라스틱이 만들어지고 그중 1,000만 톤이 바다에 흘러 들어가며, 이 양은 매년 증가하고 있습니다.

전문가들은 플라스틱 쓰레기가 일단 바다로 들어간 다음에는 할 수 있는 일이 별로 없다고 해요. 버리지 않는 것이 가장 좋은 해결책이죠. 우리나라에서는 16만 톤에서 17만 톤 정도가 매년 흘러 들어가는데 수거하는 양은 10만 톤이 채 되질 않는다고 합니다.

또 어업과 양식업 현장에서도 플라스틱이 많이 버려지고 있어요. 우리나라에서 그물이나 통발 같은 플라스틱 재료의 어구가 연간 16만 톤 정도 사용되는데 매년 바다에 4만 5,000톤 정도 버려집니다. 늦었지만 2020년, '해양 폐기물 및 해양 오염 퇴적물 관리법'이 시행되어 해양 폐기물의 발생 예방부터 수거와 처리까지 전 단계를 체계적으로 관리하게 되었습니다. 이 법의 시행으로 쓰레기 섬에서 한국어가 인쇄된 플라스틱을 보고 창피해하는 일은 생기지 않기를 희망해 봅니다.

18

플라스틱이 작으면 왜 문제가 될까?

최근 미세 플라스틱 문제가 심각하다는 뉴스가 자주 나오고 있어요. 물티슈의 원단이나 아이스팩 등 우리가 미처 생각하지 못한 물건에도 미세 플라스틱이 함유되어 있다고 해요. 미세 플라스틱은 왜, 어떻게 만들어지고 어떤 문제가 있는 걸까요?

일반적으로 5밀리미터 이하의 작은 플라스틱 조각을 미세 플라스틱이라 해요. 애초에 작게 만들어진 물질은 1차 미세 플라스틱이라 하고, 커다란 플라스틱 제품이 햇빛이나 파도에 잘게 부서져서 만들어진 건 2차 미세 플라스틱이라고 합니다. 각종 세제의 세정 효과를 높이기 위해 첨가되는 작은 알갱이인 '마이크로비즈'나 폴리에스터 등 화학 섬유의 세탁 과정에서 나오는 '마이크로파이버' 등이 대표적인 1차 미세 플라스틱입니다. 한 연구에 따르면 낙동강을 통해 남해로 유입되는 미세 플라스틱 양은 연간 53톤, 조각 수로는 무려 1조 2,000억 개나 된다고 해요. 미세 플라스틱은 크기가 아주 작아서 하수 처리 시설에서 걸러지지 않고 그대로 바다로 가는 거지요.

또 플라스틱을 자외선에 1년 동안 노출하면 잘게 부서져서 미세 플라스틱이 생기는데, 절반이 50마이크로미터 이하인 것으로 나타났어요. 태양광에 노출했을 때도 1년이 안 되어 250나노미터 수준의 초미세 플라스틱이 생긴다고 해요. 그래서 햇빛이 강하고 파도에 의한 마찰이 많은 해변에서 2차 미세 플라스틱이 많이 생깁니다.

》 미세 플라스틱은 《 먹이 사슬을 통해 옮겨 가

플라스틱을 만들 때는 가소제, 난연제, 산화 방지제 같은 화학 물질을 첨가하는 경우가 많습니다. 따라서 미세 플라스틱도 당연히 이런 물질들을 포함하고 있는데, 독성이 있어 해양 생태계를 파괴하는 등 문제가 되고 있습니다. 또 미세 플라스틱은 유기 오염 물질을 잘 흡착합니다.

바다의 독성 물질까지 흡착된 이런 미세 플라스틱은 물을 흡수해서 먹이를 걸러 내고 다시 물을 토해 내서 먹고사는 조개나 플랑크톤에 들어가면 배출이 되지 않고 그대로 쌓이지요. 또 호흡을 위해 아가미로 물을 빨아들였다가 내놓는 과정에서도 몸속에 쌓여요. 동물성 플랑크톤이 미세 플라스틱을 섭취하면 독성 때문에 여러 가지 기능과 섭취 능력이 떨어집니다. 홍합이 미세 플라스틱에 오래 노출되면 염증이 생긴다고 해요.

이렇게 바다 생물의 몸에 쌓인 미세 플라스틱은 먹이 사슬을 통해 바다의 거의 모든 생물에게 쌓입니다. 그러면 물고기나 해산물을 먹는 우리 인간 체내에도 상당량 축적되겠지요. 결국은 우리

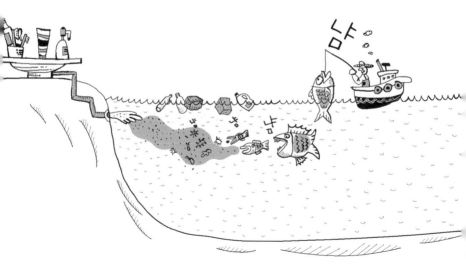

가 버린 미세 플라스틱을 우리가 먹게 되는 셈입니다.

》미세 플라스틱을《
제거할 방법은 아직 없어

2017년 영국 가디언은 14개국 수돗물의 83%에서 미세 플라스틱 합성 섬유가 나왔다고 보도했습니다. 우리나라에서도 24개 정수장의 수돗물을 조사했더니 한 곳에서는 물 1리터당 1개, 세 군데에서는 1리터당 0.2~0.6개가 나왔다고 해요. 또한 미세 플라스틱은 지하수나 토양에서도 발견되고 있어요. 지하수나 토양에 있는 플라스틱은 식물의 물관을 통해 올라가 자연스럽게 흡수되지요. 더욱 심각한 것은 바다나 토양 속에 존재하거나 생물의 체내에 있는 미세 플라스틱을 제거할 방법이 없다는 점입니다.

따라서 국제적으로 미세 플라스틱을 규제하는 움직임이 진행 중이에요. 유럽 연합 등에서는 제품 내에 미세 플라스틱을 첨가하는 것을 규제하고 있어요. 화장품과 세정제는 이미 규제가 이뤄지고 있으며 앞으로 페인트, 코팅제, 비료 등 광범위한 분야에서 미세 플라스틱 사용을 규제할 예정이죠. 우리나라도 2017년 이후 세안제와 화장품에 마이크로비즈를 첨가하여 제품을 생산하거나 판매하는 걸 금지했어요.

그러나 버려진 커다란 플라스틱에서도 햇빛과 파도에 의해 미세 플라스틱이 발생하므로 이에 대한 대책도 필요합니다. 최근 생분해성 플라스틱 개발과 플라스틱을 분해하는 미생물 연구가

플라스틱의 습격

진행되고 있지만, 아직도 전 세계에서 생산되는 플라스틱의 절대량은 기존 방식으로 만들어진 플라스틱입니다. 그래서 생물학적 폐수 처리 장비 등을 통해 미세 플라스틱을 걸러 내는 방법을 연구하는 중이죠. 하지만 아직 실제로 적용하지는 못하고 있어요. 아직 갈 길이 멉니다.

19

빨래할 때마다 옷에서 미세 플라스틱이 떨어져?

코로나19 이후 어디서나 마스크를 쓰는 것이 매우 당연한 일이 되었어요. 그중에서도 특히 비말의 바이러스를 차단하는 능력이 높은 kf94 마스크를 많이 씁니다. 그런데 이 마스크에도 미세 플라스틱이 있어서 함부로 버리면 안 된다고 해요.

kf94 마스크는 미세 먼지를 막기 위해 개발된 것으로 정전기를 이용해 먼지를 잡아 주는 필터가 있어요. 멜트블로운(melt blown) 필터라 하는데, 폴리머라는 플라스틱 원료를 녹인 뒤 작은 노즐을 통해 빠르게 밀어내서 생기는 아주 가는 실로 만들어요. 즉 미세 섬유로 만든 거죠. 미세 섬유도 일종의 미세 플라스틱입니다.

일부 마스크나 공기 청정기에서 미세 먼지를 걸러 내는 헤파 필터도 수십 마이크로미터 크기의 미세 섬유를 기반으로 하는 필터링 방식을 이용합니다. 공기가 헤파 필터를 통과하는 동안 섬유 조직에 의해 차단되거나 충돌을 일으켜 속도가 떨어지면 입자가 가라앉으면서 동시에 정전기에 의한 흡착이 일어나 미세 먼지 입자를 잡아내는 방식입니다. 그런데 앞서 미세 플라스틱 문제가 심각하다고 했던 거 기억하지요? 공기 청정기의 필터도 미세 플라스틱이니 갈고 나서 함부로 버리면 안 돼요. 물론 일회용 마스크도 함부로 버리면 안 되지요.

》 세탁기를 통해 바다로 가는 《 미세 플라스틱

그런데 빨래를 할 때도 옷에서 미세 섬유가 나와요. 스타킹을 만드는 나일론이나 옷의 안감으로 주로 사용하는 폴리에스터 같은 걸 합성 섬유라고 해요. 합성 섬유는 주로 석유를 원료로 만든 섬유인데 동물성이나 식물성 섬유보다 싸서 많이 사용하죠. 그런데 합성 섬유로 만든 옷을 세탁기로 빨면 섬유끼리 마찰하는 과정에

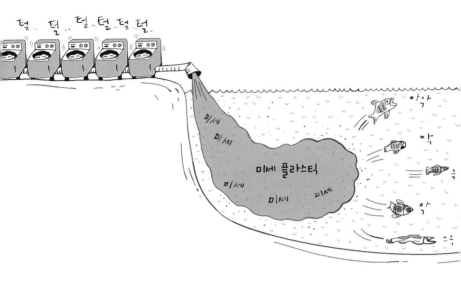

서 미세 섬유 가닥이 나온다고 해요.

　세계자연보호연맹은 해양 오염의 주범 중 하나인 미세 플라스틱 발생량의 35%가 이렇게 발생한다고 주장해요. 이런 미세 섬유는 워낙 작아서 하수 처리 시설에서 걸러지질 않아요. 세탁기로 옷을 빨면 그 물이 하수도를 통해 하수 처리 시설로 가고 다시 강을 타고 바다로 흘러가는데, 미세 섬유도 강물과 같이 바다로 가는 거죠.

　이렇게 바다로 나간 미세 섬유는 바다에 있는 독성 물질을 흡착해요. 마치 우리 옷에 잉크가 묻으면 지워지지 않는 것과 비슷한 거지요. 이런 상태로 바다 생물에 흡수되는데, 일단 들어온 미세 섬유는 빠져나가지 못하고 생물체 안에 계속 쌓여요. 그리고 이 물고기들이 다시 우리 식탁에 올라오지요. 물고기의 내장에서 미세 섬유나 플라스틱이 발견되는 건 이제 아주 흔한 일이 되었어요.

》 미세 플라스틱을 키우는 《
패스트 패션

우리나라 남해 연안은 특히나 미세 플라스틱 오염도가 세계 최고 수준이에요. 거제 진해 앞바다에는 1km³당 평균 55만 개의 미세 플라스틱이 있는 걸로 나왔어요. 세계 평균보다 무려 8배나 많은 양이지요.

그런데 이런 미세 플라스틱 문제를 더 키우는 것이 패스트 패션이에요. 패스트푸드에서 유래한 말로, 유행에 따라 빠르고 값싸게 만들어진 옷들을 말해요. 자라, 망고, 유니클로 다들 들어 봤지요? 패스트 패션을 주도하는 브랜드들로 SPA 브랜드라고 하죠. 이런 브랜드들이 만드는 옷은 유행을 따르고 가격도 싸니, 쉽게 사서 입고 유행이 지나면 쉽게 버려요. 삼성패션연구소 조사에 따르면 국내 SPA 시장 규모는 2008년 5,000억 원에서 2017년 3조 7,000억 원으로 10년간 7배 이상 급성장했어요. 많이들 산 거지요. 그리고 많이 쉽게 버려졌어요.

환경부에 따르면 국내 의류 폐기물은 2008년 5만 4,677톤에서 2014년 기준 7만 4,361톤으로 50% 가까이 증가했어요. 우리나라만 그런 것이 아니라 21세기 들어 전 세계 의류 산업이 10배 이상 커지는데 그에 따라 의류 폐기물도 폭발적으로 증가했지요.

더구나 그 대부분은 패스트 패션의 소재인 폴리에스터 즉 합성 섬유입니다.

의류 폐기물은 재활용된다지만 결국 버려지게 되죠. 즉 일단 만들어진 옷은 재활용을 하든 하지 않든 결국에는 버려지게 됩니다. 그리고 이렇게 버려진 폐기물은 매립하거나 소각하는데, 소각하면 유해 가스가 나오고 매립하면 썩질 않아서 토양 오염의 주범이 돼요. 그리고 옷을 세탁하는 과정에서 끊임없이 미세 섬유를 배출하고, 배출된 미세 섬유는 여러 경로를 통해 결국 바다로 흘러가게 되지요.

그러니 되도록 꼭 필요한 옷만 사고, 오래 입고, 또 재활용 가게 등을 통해 중고 옷을 사면 미세 플라스틱을 줄이는 데 도움이 되겠지요?

20

바다의 쓰레기는 어떻게 수거할까?

몇 년 전에 네덜란드의 한 학생이 바다에 퍼진 미세 플라스틱을 수거할 기발한 제안을 했어요. 바다 위를 떠다니는 장치를 만들어 미세 플라스틱을 수거하자는 거였죠. 이 학생의 이름은 보얀 슬랫(Boyan Slat). 그의 생각은 큰 주목을 받았어요. 바다 위 쓰레기에 도전장을 내민 보얀 슬랫은 성공했을까요?

2013년, 18살의 보얀 슬랫은 오션클린업(The Ocean Cleanup)이란 단체를 만들어 바다 쓰레기 수거 프로젝트를 시작했어요. 전 세계에서 후원금을 모금했는데, 무려 500억 원 가까이 모였다고 해요. 후원금으로 2018년 첫 시스템 001을 바다에 띄웠어요. 그런데 그만 제대로 작동하질 않아서 원래 계획보다 훨씬 일찍 철수하고 말았어요. 시스템 001은 U자형 튜브를 만들고 그 아래 여과막을 설치한 형태입니다. 여과막으로 물이 통과할 때 미세 플라스틱을 거르는 식이죠. 그런데 미세 플라스틱이 여과막에 쌓이면 성능이 떨

플라스틱의 습격

어져서 제대로 작동하지 않았어요. 물론 그렇다고 포기할 일은 아니죠. 오션클린업은 장치를 개선해서 조만간 시스템 002를 선보일 예정입니다.

》 수거보다 《
버리지 않는 게 최우선

하지만 생각을 해 봐요. 미국 국립해양대기국에 따르면 전 세계에서 매년 800만 톤의 플라스틱이 바다에 쏟아진다고 해요. 1분에 트럭 한 대꼴이죠. 오션클린업의 장치가 성공한다 해도 이렇게 무지막지하게 쏟아지는 쓰레기를 다 수거할 수 있을까요? 또 수거한다고 해도 그사이 고통받는 바다 생물들은 어떻게 해야 할까요? 여기서 우리가 알아야 할 중요한 사실이 있어요. 국제 환경 단체 리싱크플라스틱의 델핀 아베어스(Delphin Alvares)는 이렇게 말했지요.

"집에 들어갔을 때 바닥에 물이 넘쳐 있으면 무엇을 제일 먼저 해야 할까? 수도꼭지가 그대로 열려 있으면 아무리 바닥을 치워도 소용없기 때문에 수도꼭지를 먼저 잠가야 한다."

즉 바다에 플라스틱이 흘러 들어가지 않도록 막는 것이 더 중요하고 시급하다는 거죠. 배출을 줄이는 것보다 수거에 더 신경을 쓰면 일을 그르치기 쉽다는 거예요. 그리고 사람들에게 잘못된 메시지를 줄 수도 있어요. '저렇게 다 수거하면 되니 플라스틱을 바다에 버려도 뭐 문제가 되지 않겠지?'라고 생각할 수도 있으니까요.

》 수거한 쓰레기의 《
처리도 문제

우리나라는 어떨까요? 2018년 우리나라 지방 자치 단체와 공공 기관이 수거한 바다 쓰레기 양이 9만 톤이 넘어요. 2015년에는 약 7만 톤이었는데 매년 증가하고 있죠. 쓰레기 수거를 전문으로 하는 배를 이용해서 바다에 떠다니는 쓰레기들을 줍는데 여기에 들어간 돈만 760억 원이 넘었지요.

그런데 이렇게 수거하는 양은 버리는 양보다 훨씬 적어요. 연구에 따르면 우리나라에서 매년 발생하는 해양 쓰레기는 17만 톤이 넘는다고 해요. 그중 절반 정도는 태풍이나 장마 때 강물과 함께 바다로 들어가는 것이고, 25%는 그물이나 부표 같은 어업 도구들, 14%는 하천을 통해서 평상시에 들어가는 거예요. 다시 건어 들이는 건 발생량의 40%밖에 안 되는 거죠. 이래서야 아무리 수거해도 매년 쓰레기가 더 많아집니다. 또 이렇게 수거한 쓰레기의 처리도 문제입니다. 대부분 태우거나 묻어 버리고 재활용되는 건 10%도 안 되니까요. 결국은 바다에 쓰레기가 들어가지 않도록 신경 쓰는 것이 가장 중요합니다.

물론 그렇더라도 이미 버려진 쓰레기는 열심히 수거해야겠지요. 우리나라도 해안가마다 자원봉사자들이 나서서 해변에 쌓인 쓰레기를 수거하는 활동을 하고 있어요. 여러분도 자주는 아니더라도 이런 봉사 활동에 참여하는 기회를 가져 보면 좋지 않을까요?

🌱 바이오 플라스틱이 뭘까?

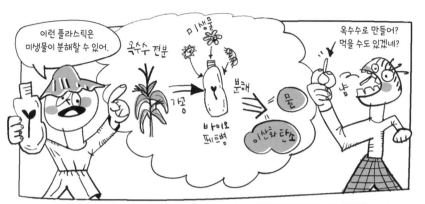

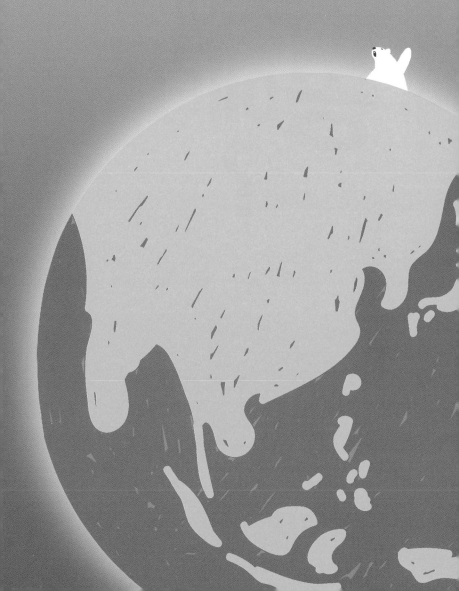

4장

도시와 환경

21

빛이
공해라고
?

가로등과 자동차의 헤드라이트, 높은 빌딩의 광고판 등 도시의 밤 사진을 보면 꽤 근사해요. 사실 도심지만 그런 것은 아니지요. 사람이 사는 곳은 항상 환한 불빛이 가득합니다. 그런데 이 빛이 공해를 일으키기도 한다는데 사실인가요?

인간은 누구나 24시간의 생체 리듬을 가지고 있다고 합니다. 그래서 외국에 가면 생체 리듬이 깨지면서 시차 적응을 못 해 불면 증과 같은 증상이 나타나는 것입니다. 이 생체 리듬을 조절하는 내분비 물질 중에 멜라토닌이란 호르몬이 있는데 어두운 환경에서 만들어지고 빛에 노출되면 합성이 중단됩니다. 특히 청색광에 민감하게 반응하지요. 그런데 우리가 즐겨 보는 텔레비전이나 컴퓨터 모니터, 휴대폰 등의 LCD 화면에서는 청색광이 강하게 나와요. 이런 청색광에 의해 자극을 받게 되면 멜라토닌 분비가 억제되고 그에 따라 수면 장애가 일어나기 쉽습니다. 그래서 밤에 잠자리에 들어서 휴대폰을 보면 잠이 잘 오지 않는 것이지요.

수면 장애는 다음 날 낮 시간의 활동에 지장을 줄 뿐만 아니라 비만, 소화 장애, 심혈관 질환과도 연관이 있습니다. 또한 성장 호르몬, 프로락틴, 테스토스테론, 황체 호르몬 등 여러 호르몬의 분비도 수면과 관계가 깊습니다. 따라서 수면 시간이 짧아지거나 얕은 잠을 자게 되면 이러한 호르몬의 분비가 줄어들어 성장기 청소년에게 심각한 영향을 준다고 합니다. 즉 키도 잘 안 크고 건강에도 좋지 않은 것이지요.

》동물도 식물도 《
빛 공해에 시달려

야행성 포유류의 경우 밤에도 빛이 밝으면 먹이를 찾고 먹는 데 혼란이 오고, 활동이 노출되어서 잡아먹힐 가능성도 커집니다. 또 동물들도 생체 리듬이 있는데 밝은 빛이 이를 교란시킵니다. 더구나 도로를 건널 때 밝은 가로등 때문에 어두운 곳에서 오는 차를 보지 못해서 치이기도 하지요. 박쥐나 너구리, 사슴 등이 특히 밝은 빛 때문에 이런 일을 많이 당한다고 합니다.

또 많은 종류의 새들은 야간에 이동하거나 사냥을 합니다. 이런 새들은 어둠에 대한 의존도가 높아서 밤에 빛이 밝으면 문제가 많이 생깁니다. 조명이 켜진 건물에 충돌하여 죽는 경우도 있고, 지쳐 바닥에 떨어질 때까지 빛 주변을 막 돌기도 합니다. 또 조명 때문에 원래 가려던 진로를 이탈해서 목적지로 가지 못하기도 하지요. 바다 새들은 등대나 풍력 발전소, 석유 시추선의 밝은 기둥에 부딪치기도 합니다.

도시 주변 호수나 강가, 바닷가의 빛 공해도 문제입니다. 수면의 플랑크톤을 먹고 사는 물고기들의 포식을 방해해서 조류가 늘어나게 하지요. 그럼 녹조나 적조가 생깁니다. 또 야간 조명은 벌의 비행을 방해하기도 합니다. 달맞이꽃처럼 밤에 피는 꽃에서 꿀을 따고 꽃가루를 옮겨야 하는데 야간 조명이 이를 방해하는 것입니다. 벌만의 문제가 아니라 식물도 열매를 맺지 못하게 됩니다. 벼, 콩, 참깨, 들깨와 같은 경우도 밤이 길어야 꽃을 피우고 열매를 맺는데 밤중의 밝은 빛 때문에 꽃을 늦게 피우고 열매가 제대로 맺지 않는 경우도 있습니다. 농촌만의 문제는 아닙니다. 도시에도 가로수나 공원 등 많은 곳에 식물이 자라는데 이들 또한 이런 빛 공해에 시달리고 있지요.

도시와 환경

》 우리나라는 빛 공해 《
세계 2위

과도하게 사용하는 조명은 에너지 낭비이기도 합니다. 2006년의 발표를 보면 현재와 같이 부적절한 조명을 계속 이용하면 2030년에는 조명에 사용되는 전력이 80% 증가하지만, 적절하게 사용하면 2030년이라도 현재와 같은 수준의 소비 전력으로 억제할 수 있다고 합니다.

이를 위해 가로등 위쪽에 반사재가 있는 덮개를 붙여 빛이 새는 것을 막고, 집 밖으로 불필요한 조명이 빠져나가는 것을 막는 것도 한 대책이 될 수 있고, 사람이 있을 때만 불이 켜지게 하는 등의 방법도 있습니다. 또 상점의 간판이나 진열대 불빛의 경우도 적정한 밝기가 되도록 규제를 할 필요가 있습니다. 그리고 상점 문을 닫은 상태에서도 계속 간판이나 진열대 조명을 켜는 경우도 마찬가지로 밝기에 대한 규칙이 있어야 합니다.

우리나라는 전체 국토에서 빛 공해 지역이 차지하는 비율이 89.4%로 전 세계 주요 20개국 중 두 번째입니다. 동물이나 식물들도 밤에는 안심하고 자기 삶을 누릴 수 있도록 배려해야 할 때입니다.

22

도시의 온도가 더 높은 이유는?

뜨거운 여름 도시에 있다 보면 숨이 턱턱 막힐 때가 있어요. 마치 뜨거운 열기에 갇혀 있는 기분마저 들지요. 왜 교외로 나갔을 때보다 도시에만 있으면 유난히 더운 걸까요?

한여름 도시가 교외 지역보다 더 후끈거리고 답답한 이유는 도시에 섬이 생겨서 그렇다고 합니다. 몰랐지요? 이 섬은 도시마다 최소한 하나씩 있는데 이름이 모두 똑같습니다. 그 섬 이름이 뭘까요? 그 섬은 바로 열섬(Urban Heat Island)입니다. 도시를 덮고 있는 콘크리트와 아스팔트는 주변의 다른 물질보다 햇빛을 잘 흡수해요. 그래서 한여름 아스팔트는 50도가 넘는 경우도 많지요. 또 건물마다 에어컨으로 냉방을 하면 실외기에선 연신 더운 바람이 나옵니다. 이렇게 빠져나온 열에너지는 도시의 온도를 더 높이지요. 자동차도 마찬가지입니다. 자동차 에어컨을 켜면 그만큼의 열

이 실외기를 통해 빠져나오고 자동차 배기구에서도 뜨거운 공기를 뿜어냅니다. 이런 이유로 도심지는 주변 지역보다 최소한 2~3도 더 높은 온도를 보이게 되는데 이를 열섬 현상이라고 합니다. 밤이 되면 조금 나아지지만 그래도 주변 지역보다는 온도가 높습니다. 높은 빌딩들이 공기의 순환을 막아서 온도가 내려가는 걸 억제하고 있기 때문이지요.

》 도시 녹화는 《
열섬을 줄여 줘

이런 도시의 열섬 현상을 줄이고 열악한 도시 환경을 개선하기 위한 대안이 바로 식물을 많이 심는 도시 녹화 사업입니다. 식물이 많이 자라는 곳은 여러 가지 장점이 있습니다. 습기가 많을 땐 식물과 이끼가 습기를 흡수하고 건조할 땐 습기를 내놓습니다. 또 녹색 식물은 잎 뒷면 기공에서 수증기를 증발시키는데 이 과정에서 자연스럽게 주변의 열을 흡수합니다. 그래서 숲에 들어가면 바깥보다 시원한 거지요. 또 햇빛을 차단하니 온도가 낮은 것도 있고요.

도시 녹화의 방법으로 가장 먼저 떠오르는 것은 토지에 건물을 세우거나 개발하는 것보다는 자연공원 등을 조성하는 것입니다. 하지만 그렇지 않아도 좁은 도시에서 이런 공원을 확대하려면 녹지를 확보하는 데 비용도 많이 들고 또 시간도 너무 오래 걸립니다. 그래서 건물 옥상, 벽면, 담장, 자투리땅에 녹지를 조성하자

도시와 환경

는 것이 도시 녹화의 기본 개념입니다. 이렇게 도시 녹화를 하면 기존의 건축물을 허물고 공원녹지를 조성하는 것보다 비용은 적게 들면서 효율은 높아지는 장점이 있지요.

》 녹지가 많으면 《
또 좋아지는 것은?

도시에 식물이 많으면 열섬 현상을 막을 뿐 아니라 식물이 이산화탄소, 질소 화합물, 아황산 가스, 벤젠, 분진 등을 흡수하고 산소를 내놓기 때문에 공기가 깨끗해집니다. 100m²를 녹화하면 대기 오염 물질 2킬로그램이 줄어들고, 성인 2명이 숨 쉴 수 있는 산소를 만들어 낼 수 있습니다. 또한 토양이 튼튼해져서 비가 와도 흡수를 잘하고 빠져나가는 시간을 지연시키기 때문에 홍수 예방 효과도 있습니다. 도시 녹화를 통해 조성된 토양층은 소리를 흡수하니 소음이 줄어드는 효과도 있습니다.

여름철 외부 기온이 30℃를 넘으면 건물 옥상의 콘크리트 표면 온도는 50℃까지 높아지는데, 옥상에 흙을 덮고 식물을 키우면 햇빛과 복사열을 차단해서 실내 온도를 2~3℃ 정도 낮춰 줍니다. 겨울철에는 단열 기능을 통해 3℃ 정도 높여 주기 때문에 연평균으로 16.6%만큼 건물 냉난방 에너지를 절감하는 효과도 있습니다.

생활 주변에 녹지를 만들면 쾌적한 휴식과 여가의 공간을 제공하여 도시인의 삶의 질을 향상시키지요. 아울러 회색 도시를 녹색 식물이 가득한 새로운 공간으로 만들면 도시 이미지도 좋아지지요. 열섬 문제를 해결하는 방법이면서 동시에 대기 오염을 막을 수도 있는 방법이 바로 도시 녹화예요. 건물 옥상마다, 도로 주변의 빈 곳과 자투리 공간에 식물을 심어 녹색 도시를 만들어 봅시다.

23

길고양이는 중성화를 해야만 할까?

도시에서는 흔하게 만날 수 있는 게 길고양이지요. 어떤 이들은 고양이가 싫다며 질색을 하기도 하고, 또 다른 이들은 길고양이가 혹시나 굶을까 사료를 주기도 하지요. 이 길고양이를 중성화를 시켜야 한다는데 꼭 그래야만 하나요?

길고양이가 많은 것은 우리나라만의 일은 아니에요. 전 세계 곳곳에서 길고양이를 흔하게 만날 수 있지요. 그런데 길고양이를 중성화시켜야 한다는 주장이 있고 또 실제로 중성화가 행해지고 있습니다. 이를 흔히 '길고양이 TNR(중성화 사업)'이라고 합니다. TNR이란 잡고(Trap) 중성화(Neuter)한 다음 그 자리에 다시 놔준다(Return)의 준말로, 길고양이를 잡아서 중성화 수술을 한 이후에 다시 원래 살던 곳으로 보내는 것을 말합니다. 중성화 수술이란 임신을 하지 못하도록 하는 수술이지요.

이 TNR이 시작된 곳은 영국입니다. 20세기 중반 영국은 길고양이 문제가 심각했는데 보호소에서는 반려동물을 주인에게 찾아 주는 것에만 관심을 두었고, 정부 기관은 전염병 예방 차원에서 길고양이를 죽일 것을 지시하였죠. 이에 대응하여 1965년 처음으로 개인 차원에서 TNR이 시작되었고, 1974년 '동물 보호를 위한 대학 연대'에서 최초로 단체 차원에서 TNR을 주장했습니다. 이후 미국 등 전 세계로 퍼지면서 정착되었지요.

» 중성화를 해야 한다고 《 주장하는 이유

TNR의 첫 번째 목적은 늘어나는 길고양이로 인해 발생하는 사회적 문제를 방지하는 것입니다. 길고양이들은 발정기가 되면 괴상한 울음소리로 사람들을 괴롭게 하고, 먹이를 구하면서 쓰레기 봉투를 뒤집어 놓아 혐오감을 조성하고 전염병을 옮기기도 해요. 그

렇다고 인간의 관점에서 무작정 길고양이를 죽이거나 할 수는 없지요. 또 만약 한 지역의 길고양이를 모두 죽인다고 해도 다른 지역의 고양이들이 넘어와서 원래대로 된다고 합니다. 그래서 찾아낸 방법이 개체 수를 조절하는 것입니다. 모든 길고양이를 중성화하는 것이 아니라, 중성화하지 않은 고양이도 일부 남겨서 적정 수의 고양이들을 혈족관계로 수세대 지속시키는 것도 중요합니다. 한 지역에 서로 혈연관계인 고양이들로 채워지면 고양이들 간의 영역 싸움이 줄어드는 이점이 있습니다.

TNR을 하는 또 하나의 중요한 목적은 고양이에 대한 인도적 처치를 하는 것입니다. 원래 포유류는 평생 배란을 하지요. 즉 죽을 때까지 임신을 할 수 있는 것입니다. 사람과 일부 돌고래 등 두세 종류만 빼면 다 그렇습니다. 자연 상태에서는 번식을 조금이라도 더 하는 종이 살아남아 자손을 퍼트릴 확률이 높으니까 당연한 이야기지요. 하지만 도시의 길고양이들에게는 사람을 제외하곤 천적이 없습니다. 또 영양이 골고루 들어가 있지는 않지만 먹을 것도 풍부한 편입니다. 따라서 병들어 죽기 전까지는 계속 발정을 하게 됩니다. 발정은 결국 내가 임신할 준비가 되었다고 다른 고양이에게 알리는 것인데, 나이가 들어 발정하게 되면 고양이 건강에 굉장히 좋지 않습니다. 그래서 어느 정도 나이가 든 고양이는 차라리 중성화 수술을 하는 것이 나을 수도 있습니다. 반려동물도 그래서 나이가 어느 정도 들면 중성화 수술을 하는 경우가 많지요.

》 중성화에 《 반대하는 이유

한편 TNR을 반대하는 의견도 만만치 않습니다. 길고양이를 중성화하는 것은 그들의 번식 본능을 빼앗는 일이며 고양이는 영문도 모르고 학대를 당한다는 것입니다. 또한 길고양이가 많아지는 것은 유기되는 고양이가 많기 때문이므로, 유기 방지를 하지 않는 상태에서 일 년에 수억 원의 비용을 중성화에 들이는 것은 문제라는 비판도 있습니다. 길고양이의 상당수는 집에서 기르다가 버린 고양이라고 합니다. 그러니 길고양이 문제의 상당 부분은 결국 우리 인간의 문제인 것입니다.

아스팔트와 건물로 가득 찬 도시는 기형적인 생태계입니다. 동식물들은 달라진 먹이와 환경에서 살아가기 위해 적응을 거듭하고 있지요. 영국 런던은 자연과 인간과 동물이 공존하는 개념을 갖고 도시 개발을 하고 있다고 합니다. 인간만 사는 곳이 아니기 때문에 공간 계획에서도 자연이 들어설 곳을 지정하고, 그곳에는 인간의 출입을 제한하여 동물들이 자연과 더 가깝게 살 수 있도록 하는 것입니다. 우리도 장기적으로 이러한 고려가 필요하지 않을까요.

24

돌고래가
우울증을
앓는다고
?

싱가포르 센토사섬에 있는 리조트 월드 센토사 수족관의 돌고래가 스스로 유리판에 머리를 박는 모습이 동영상으로 공개되어서 큰 화제가 되었어요. 아주 세게 부딪쳐서 엄청 아팠을 텐데도 몇 분 동안 반복적으로 머리를 박는 모습에 사람들은 굉장히 놀랐지요. 이 돌고래에게 무슨 일이 있었던 걸까요?

싱가포르의 센토사 수족관의 돌고래 사진과 비슷한 일이 우리나라에도 있었습니다. 서울대공원 수족관에 돌고래들이 몇 마리 있었는데 대부분 제주 바다로 돌아가고 태지라는 돌고래 한 마리만 남겨진 상황이었지요. 어느 날 태지는 수조 구석에 코를 박은 채 가만히 있다가는 또 다른 구석으로 가서 코를 박은 채 가만히 있는 겁니다. 그러다가는 물 위로 머리를 올렸다 다시 내리기를 수십 번 계속했습니다. 9년 동안 다른 돌고래 두 마리랑 같이 살다가 혼자 남겨지면서 벌어졌던 일입니다.

》 잡혀 온 돌고래는 《 스트레스를 많이 받아

과학자들은 돌고래가 사람처럼 우울증을 앓게 된 거로 생각합니다. 이들은 자신이 '잡혀 온 것'을 알고 있고 또 좁은 수족관에 있어야 하고, 강제로 쇼를 해야 하는 사실에 스트레스를 받아 우울증을 가지게 되었다는 것입니다. 넓은 바다에서 하루 100킬로미터 이상을 헤엄치다가, 잡혀 온 뒤로는 매일 움직였던 범위의 1,000분의 1밖에 되지 않는 수족관에서 답답했던 거지요. 그리고 먹이도 바다에선 다양하게 먹을 수 있는데 수족관에선 한두 종류의 생선밖에 없었지요.

가장 중요하게는 돌고래는 자연 상태에서 가족과 같이 살기 때문입니다. 단순히 사냥만 같이 하는 것이 아니라 서로 유대감과 친밀감을 갖고 있지요. 같이 장난도 치고 스킨십을 하기도 합니다. 포획된다는 건 돌고래에겐 그렇게 맺어 온 가족과의 생이별이 되는 거지요.

실제로 잡혀 왔던 돌고래 중 우울증을 보이던 녀석들을 다시 바다로 돌려보내면 우울증이 사라지는 경우가 아주 많습니다. 부리가 휘어진 선천적 장애를 가진 남방큰돌고래 복순이도 제주 앞바다에서 불법 포획되어서 제주의 돌고래 쇼 공연 업체로 팔려 갔습니다. 복순이는 좁은 양식 수조에서 우울증에 시달렸지요. 복순이는 이후 불법 포획된 돌고래들을 돌려보내라는 재판 결과에 따라 다시 바다로 돌려보내졌는데, 바다로 간 지 불과 몇 달 만에 아주 건강해져서 짝짓기도 하고 새끼도 낳고 잘 살고 있다고 합니다.

》 고래도 우울증 때문에 《
스스로 목숨을 버리기도 해

물론 수족관이나 돌고래 쇼를 하는 돌고래라고 모두 우울증을 앓는 건 아니고, 반대로 바다에 사는 녀석들이라고 모두 건강한 건 아닙니다.

'스트랜딩(Stranding)'이라는 현상이 있습니다. 고래나 물개, 바다표범과 같은 해양 동물이 스스로 해안으로 올라와 아무것도 먹지 않고 가만히 있다가 죽는 것을 말합니다. 이런 일은 요사이에만 있는 건 아니고 꽤 예전부터 일어나는 일입니다.

고래는 물 밖에 나오면 폐가 자기 몸무게에 눌려 숨을 쉬기 힘들어져서 죽을 수밖에 없습니다. 돌고래나 범고래도 마찬가지

도시와 환경

지요. 요사이에도 세계 곳곳에서 이런 현상이 계속 나타나는데 과학자들은 여러 가지 요인이 있지만 가장 큰 것으로는 우울증이라고 이야기합니다. 실제로 이렇게 해안에 올라온 고래나 돌고래를 다시 바다로 돌려보내도 다시 돌아와서 죽는 모습을 보면 그렇다는 것입니다.

침팬지에게서도 이런 우울증에 의한 죽음이 목격되었습니다. '침팬지의 어머니'로 불리는 동물학자 제인 구달이 관찰한 바에 따르면, 어미 침팬지 플루가 죽자 아들 침팬지 피피가 심한 우울증 증세를 보이다 한 달 만에 어미를 따라 죽었다고 합니다.

이렇게 야생의 삶도 쉽진 않으니 우울증에 걸리고 죽을 수도 있는 거지요. 그 부분은 어쩔 수 없는 일입니다. 하지만 최소한 인간에 의해 포획되고 감금돼서 우울증에 걸리게는 하지 말아야 하는 것이 아닐까요?

25

도시의 물을 흡수하는 곳이 많아져야 한다고?

도시 하면 높은 빌딩과 아파트, 아스팔트 도로 등이 떠올라요. 그런데 이런 도시를 빠르게 통과해 버리는 빗물 때문에 강이 숨을 쉬지 못하게 된다고 해요. 어떻게 된 걸까요?

빌딩과 아스팔트 도로 등으로 채워진 도시의 땅은 물이 스며들기 어려운 불투수층입니다. 비가 내리면 빗물이 하수구를 통해 곧바로 강으로 빠져나가 버리지요. 그래서 정작 도시에는 지하수가 부족하고, 비가 내리지 않을 때는 하천이 말라 버리는 문제가 생깁니다. 비가 많이 올 때는 땅이 물을 흡수하지 못해 홍수 피해도 더 커지지요. 그리고 물이 빠르게 빠져나가면 도시 환경으로 오염된 물이 정화될 시간도 부족해집니다. 자동차에서 뿜어져 나오는 배기가스와 자동차 타이어와 도로의 마찰 때문에 생기는 각종 오염 물질 등 도시에는 주변 지역보다 더 많은 오염 물질이 있습니다. 빗물에 녹아든 이들 물질이 땅으로 스며들면 흙이나 암석의 빈틈 등이 일종의 필터 역할을 해서 이를 정화하는데 그런 과정이 생략되는 것입니다.

》 물이 땅속으로 《 스며들게 하자

이런 도시 환경 문제를 해결하는 방법 중 하나가 '저영향 개발(Low Impact Development)입니다. 저영향 개발이란 되도록 도시를 흐르는 하천이나 지하수 등이 덜 오염되도록 하고, 하천 주변의 생태계를 보존할 수 있는 방법으로 개발하자는 것입니다. 물론 영향을 아예 받지 않는다면 가장 좋겠지만 도시를 개발하는 것 자체가 환경에 미치는 영향이 제로가 되게 할 순 없습니다.

시작은 불투수층을 줄이고 투수층을 늘리는 것입니다. 현재의 인도나 도로는 물이 아래로 빠지기 힘든 구조라서 대부분의 물이 하수구로 모여 강으로 흘러갑니다. 그렇게 되지 않도록 사람이 다니는 인도나 차가 다니는 차도 일부, 그리고 주차장 등을 포장할 때 중간중간 틈을 두거나 아예 물이 통과할 수 있는 재질로 포장을 하는 방법 등을 써서 물이 땅속으로 스며들게 하는 것입니다.

» 빗물을 《
모아볼까?

건물들이 밀집한 곳에서는 빗물 저장 탱크를 설치해서 건물 옥상에서 흘러내리는 빗물을 저장하는 방법도 쓰고 있어요. 이렇게 모은 빗물은 화장실 변기를 내릴 때 또는 청소용으로 사용되어 수돗물 소비량을 줄여 줘요. 혹은 공공 기관이나 아주 면적이 넓은 건물에는 옥상에 지붕 층 저류 공원을 설치하기도 합니다. 옥상에 내린 빗물을 저장했다가 비가 그친 뒤 천천히 배출시키는 정원이지요. 이렇게 천천히 물을 배출하면 땅에서 흡수할 시간을 줄 수 있어요. 옥상에 심어진 식물이 빗물을 빨아들여 저장하기도 하고, 또 증발하는 과정에서 주변 온도를 낮추기도 합니다. 그리고 요사이에는 가로수 밑 땅에 컨테이너 형태의 필터를 묻어 빗물을 흡수하기도 합니다. 이러면 나무뿌리와 흙에서 자연적으로 여과되어 강으로 갈 때 훨씬 오염이 덜해지는 효과를 보이기도 하지요.

또 도시 곳곳에 빗물을 최대한 흙에 침투시켜 보유할 수 있게 설계된 우수 저류 공원이나 생태 저류지도 도시 곳곳에서 한몫을

도시와 환경

하고 있습니다. 움푹하게 팬 곳에 여러 종류의 식물을 심기 때문에 보기에도 좋고, 생태계가 잘 형성되면 빗물을 흡수할 뿐 아니라 자연 정화 효과를 거두기도 해요. 건물 앞 정원이나 주차장, 도로 중앙 등 다양한 장소에 다양한 규모로 만들 수 있어서 저영향 개발의 중요한 요소 중 하나입니다.

이렇게 도시에서 빗물을 최대한 저장할 수 있도록 환경이 정비되면 인간에게도 좋지만 생태계에도 도움이 많이 됩니다. 먼저 도시의 지하를 통과하면서 충분히 오염 물질이 걸러진 물이 강으로 들어가게 되면 강에 사는 어류나 조개, 물풀들이 건강한 생태계를 유지하는 일이 훨씬 쉬워집니다. 그리고 큰 비가 와서 홍수가 나면 도시의 오염 물질들이 집중적으로 강으로 유입되는데 이를 방지하는 데도 도움이 됩니다. 또 가뭄이 들 때도 꾸준히 물을 유입해서 강물의 수위를 유지시키면 그것도 강에 사는 생물에게는 커다란 도움이 됩니다. 그래서 우리나라에서도 저영향 개발을 적용하는 도시들이 점점 늘고 있습니다.

26

감염병이 더 자주 생기는 이유는?

2020년은 코로나19가 시작된 해로 우리 기억 속에 남을 거예요.

항상 마스크를 쓰고 학교도, 여행도 가지 못하는 힘든 날들이 이어지고 있습

니다. 그런데 뉴스에서는 이런 일들이 자주 생길 수도 있다고들 이야기해요.

정말 그렇게 될까요?

코로나19바이러스감염증은 인수 공통 감염병입니다. 즉 동물도 걸리지만 사람도 걸리는 감염병이란 거지요. 사람만 걸리는 감염병은 사람들 사이에서 감염을 막으면 그걸로 완전히 근절을 할 수가 있습니다. 천연두가 대표적으로 사람만 걸리는 감염병이었습니다. 전 세계가 노력해서 완전히 사라졌지요. 그래서 지금은 천연두는 백신도 맞질 않습니다. 하지만 인수 공통 감염병은 사람들 사이의 감염을 막아도 야생 동물에게 다시 옮을 수 있어서 완전히 근절하기가 힘들지요.

그런데 이런 감염병이 발생하는 빈도가 점점 증가하고 있습니다. 20세기에는 이런 감염병이 100년 동안 몇 번 일어났는데, 21세기 들어서는 20년 동안 벌써 네 차례나 발생한 거지요. 메르스, 사스, 조류 인플루엔자 그리고 코로나19가 그렇습니다. 나머지 세 개는 코로나19보다 영향력이 작았지만 그래도 당시마다 심각했던 인수 공통 감염병이었습니다.

》 인구 증가, 온난화 《
그리고 세계화

그럼 왜 이렇게 인수 공통 감염병이 증가하는 걸까요? 전문가들은 세 가지 이유를 들고 있습니다. 먼저 열대 지역에서의 인구 증가가 문제입니다. 20세기 후반까지만 하더라도 전 세계 인구는 50억 명 정도였습니다. 그런데 2021년 현재 인구는 78억 명입니다. 우리나라는 출산율이 낮아 문제라는데 대체 어느 곳에서 이렇게 인구가 늘고 있는 걸까요? 인구가 급증하는 곳은 대부분 열대 지방입니다. 인도, 아프리카, 중남미 등이지요. 여기에 중동 지역의 이슬람 국가도 빠르게 늘고 있습니다. 이렇게 열대 지역의 인구가 급증하면서 사람들이 기존에 살지 않던 열대 지역의 밀림을 개발하여 집도 짓고 농사도 짓고 있습니다.

그런데 열대 지역은 전 세계 동물 중 절반 이상이 사는 곳입니다. 그래서 인수 공통 감염병도 열대 지역에서 가장 많이 발생합니다. 동물들의 종류도 많고, 살기도 많이 사니 당연히 감염병도 많은 거지요. 그러니 이들 야생 동물들과 접촉이 이전보다 훨씬 잦아지면서 야생 동물로부터 사람에게 감염병이 옮게 되는 확률도 늘어나게 된 것입니다.

둘째로 지구 평균 기온이 올라가는 것도 문제입니다. 앞서 살펴본 것처럼 우리나라 남해안 지역도 점차 아열대 지역으로 바뀌고 있어요. 그리고 우리보다 아래 위도인 아열대 지방의 일부도 열대 기후로 점차 변하고 있어요. 그에 따라 열대 지역의 인수 공통 감염병 숙주가 되는 동물들의 서식지도 열대 지역이 넓어지는 만큼 확대되고 있는 것입니다. 이 또한 인수 공통 감염병 발생을 부추기는 요인이 되는 거지요.

세 번째로는 사람들끼리의 접촉이 더 잦아지고 세계화되었다는 것입니다. 인구가 증가하면서 도시에 사는 사람들의 비율이 계속 늘어나고 있습니다. 도시는 농촌 지역보다 아무래도 인구 밀도가 높고 사람들 사이의 접촉도 잦습니다. 우리가 지하철을 한

번 탈 때마다 최소한 몇백 명 이상의 사람들과 섞이게 되는 거지요. 농촌에 산다면 하루 종일 몇 명 되지 않는 사람만 만나게 되는 것과는 비교도 안 되지요. 이런 도시에 사는 사람들이 늘면서 감염병이 더 빨리 퍼지게 됩니다.

거기다 비행기 등으로 국경을 넘어 다른 나라 사람들과 만나는 일도 잦아졌습니다. 그러니 한곳에서 발생한 감염병이 전 세계로 퍼지는 것도 순식간인 거지요. 해외여행은 어떻게 억제한다고 해도 유학이나 파견 근무 등으로 외국과 왕래를 해야만 하는 일은 앞으로도 계속 늘 수밖에 없습니다.

도시와 환경

》 감염병 발생을 《
줄이려면

그런데 열대 지역 나라들의 인구 증가율은 줄어들 것 같지는 않습니다. 그 지역의 경제 성장률이 높다 보니 이전보다 평균 수명도 늘어나고 있으니까요. 게다가 기후 위기에 대한 대응을 우리가 최선을 다해서 잘한다고 해도, 지구의 평균 기온이 지금보다 내려가지는 않을 것 같습니다. 인구가 증가하면 도시로 모여드는 사람이 늘어나고, 점점 주변의 숲은 도시로 개발될 테니까요.

결국 앞으로도 인수 공통 감염병의 발생은 이전보다 더 잦아질 뿐 줄어들지는 않을 것 같습니다. 이것은 어찌 보면 우리 인류가 만든 결과이기도 합니다. 갈수록 늘어나는 인구와 도시화·기후 위기 등이 만든 문제일 테니까요. 다르게 생각해 보면 우리 인류가 계속 소비를 늘리면서 경제 규모를 키우는 것이 과연 최선인가 하는 의문이 들기도 하는 지점입니다. 인간이 지구를 과소비하지 않으면서 다른 생물들과 조화롭게 살아 나갈 방법을 찾아야 할 때입니다.

🌱 전자쓰레기는 누가 처리할까?

새 핸드폰 멋져. 요건 안녕!

떽! 1년밖에 안 썼잖아.

전 세계에서 버려지는 전자 쓰레기가 커다란 화물선 2천 개를 합한 것보다 더 무거워.

이 어마어마한 쓰레기는 어디로?

선진국 부자 나라에서

가난한 나라로

'바젤 협약'으로 전자 쓰레기의 국가 간 이동은 금지이지만,

자, 받아. 쓰레기 아냐. 중고 제품이야.

히히, 불법이라도 인건비가 싸서 돈을 버니까

눈 가리고 아웅!

쓰레기 처리장에서 전자 제품을 태우면 유독 가스가 나와.

회로기판이 탈 때는 환경 호르몬과 발암 물질이 나오고, 액정에서는 치명적인 유독 물질인 다이옥신이 나오지.

열악한 처리장 시설 탓에 사람들은
독가스도 마시고, 납이나 수은, 카드뮴에도
중독되지.

그러니 암에 걸리고 중추 신경계 질환에
걸린 사람도 많아.
또 동네 아이들은 면역력이 떨어지고,
혈액이 굳는 혈전증도 많지.

아이들이 도통 기운이 없어.

다리가 땡땡
부었어.

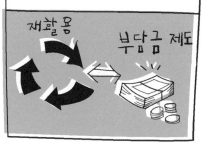

우리가 마음껏 쓰고 버린 탓에
커다란 피해를 입고 있지만...,

아냐,
안 아파!

이 일마저 없으면
어떻게 먹고 살라고?

처리장
때문에
농사지을
땅이 다
오염됐거든.

그래서 '생산자 책임 재활용 제도'를
만들었어. 전자 제품 회사는 폐기물을
일정량 이상 재활용하고, 그렇게 못 하면
재활용 부담금을 충분히 내야 해.

재활용
부담금 제도

전자 제품은 오래 사용하고, 쓰레기는
안전한 시설에서 처리해야겠지?

우리가 버리는 쓰레기는
우리가 처리하자!

최신
쓰레기 처리장

쓰레기

약정 기간 끝났다고
새 걸로 바꿔야 할까?

오케이,
최대한 오래
쓸게요.

다시 주워 옴

멀쩡한데
뭐...

5장

대멸종

27

여섯 번째
대멸종
이라고
?

모기의 멸종이 상상이 가나요? 우리 집 모기나 이웃집 모기, 서울, 제주 모기와 전 세계의 모든 모기가 몽땅 없어지는 것이래요. 그런데 그보다 훨씬 더 많은 생물이 한꺼번에 멸종하는 대멸종이 다가온다고 해요. 이런 일이 가능한가요?

한 종류의 생물이 지구상에서 모두 사라지는 것을 멸종이라고 해요. 이렇게 보면 멸종은 굉장히 드문 일일 것 같지만 실제로는 자주 있는 일이에요. 워낙 많은 종류의 생물들이 살고 있기 때문이기도 하고, 또 생태계에서 자신의 역할을 잃어버리면 자연스레 멸종되기 때문이기도 하지요. 우리가 화석으로만 접하는 삼엽충, 공룡, 암모나이트 등은 모두 예전에 멸종된 생물입니다.

그런데 대멸종은 전 세계 모든 생물 중 약 80%가 몇백만 년에서 길게는 약 2,000만 년 사이에 모두 사라진 사건이지요. 아주 긴 시간 같지만, 지구 나이가 45억 년이니 이 정도면 굉장히 짧은 시간에 사라진 것이랍니다.

》 다섯 번의 《
대멸종

이런 대멸종 사건은 5억 6,000만 년 전 시작된 고생대 이후 총 다섯 번 일어났습니다. 그 이전은 생태계 자체가 제대로 구성되지 않아 대멸종이라 부를 만한 것도 없어서 고생대 시작이 기준이 됩니다.

다섯 번의 대멸종 중 두 번은 고생대에 일어났는데 오르도비스기와 실루리아기 사이와 데본기와 석탄기 사이에 일어났습니다. 빙하기가 덮쳤기 때문이지요. 세 번째 대멸종은 고생대와 중생대를 가르는 시기인 페름기 말에 일어났고, 네 번째 대멸종은 중생대 트라이아스기와 쥐라기 사이에 일어났습니다. 대규모 화

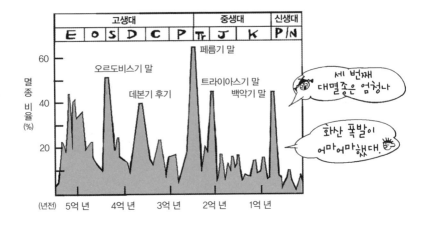

| 다섯 번의 생물 대멸종 시기 |

산 폭발이 있었기 때문입니다. 마지막 대멸종은 중생대와 신생대를 가르는 시기에 일어났습니다. 멕시코 유카탄반도에 운석이 떨어진 것이 이유이지요. 공룡이 사라진 사건입니다.

이 중 세 번째 대멸종과 네 번째 대멸종 때는 한두 개가 아니라 수천 개가 넘는 화산이 수십만 년 동안 끊임없이 폭발했지요. 그 결과 화산 가스에 포함된 이산화 탄소 때문에 지구 온난화가 시작되었고 동시에 산소 농도가 줄어들었어요. 더구나 지구 온난화의 영향으로 바다의 메탄 하이드레이트가 모두 녹아 메탄가스가 분출하면서, 지구 온난화는 더 거세지고 산소 농도는 더 낮아졌어요. 그러니 대부분의 생물이 떼죽음을 당해 멸종된 겁니다.

대멸종

» 최상위 포식자에게 《
특히 위험한 대멸종

대멸종 시기에 나타난 특징 중 하나는 대부분의 최상위 포식자가 모두 멸종한다는 겁니다. 최상위 포식자란 먹이 사슬의 제일 위에 있는 동물을 말해요. 고생대와 신생대를 지나 현재 최상위 포식자로 있는 동물은 누구일까요? 아프리카 초원의 사자나 인도의 호랑이, 아메리카 대륙의 퓨마, 북극의 북극곰 등이 해당됩니다. 이런 최상위 포식자는 애초에 개체 수도 많지 않고 활동 범위가 넓어 멀리 떨어져 있습니다. 그러다 대멸종 시기가 오면 먹이가 부족한 데다 짝지을 상대도 없어서 멸종되어 버립니다. 예외는 없었지요.

최상위 포식자 외에 덩치가 큰 동물들도 대부분 멸종하게 됩니다. 중생대 백악기 말 대멸종 시기에는 육상 동물 중 몸무게가 25킬로그램을 넘는 종은 모두 사라졌지요. 이전의 대멸종에서도 마찬가지였고요. 몸집이 큰 동물은 초식이든 육식이든 개체 수가 많지 않고, 또 먹는 양은 아주 많습니다. 대멸종으로 먹이가 부족해지면 굶주려 죽고, 또 간신히 살아남아도 다른 육식 동물의 표적이 되어 집중적으로 사냥을 당하니 배겨날 재간이 없습니다.

현재 지구의 최상위 포식자에는 인간도 포함됩니다. 또다시 대멸종이 일어난다면 인간이라고 피해 갈 도리가 없지요. 물론 최상위 포식자여도 워낙 개체 수가 많으니 모두 죽지는 않겠지만 많은 사람이 희생당하게 될 것은 분명합니다. 그렇다면 여섯 번째 대멸종은 어떤 이유로 과연 언제 오게 될까요?

28

지구 생물에게 제일 위험한 건 인간이라고?

호모 사피엔스는 정말 특이한 존재이지요? 지구상에 나타난 지 불과 십몇만 년밖에 되지 않았는데 지구 전체에 걸쳐 최상위 포식자로 군림한 것은 지구 역사상 최초라고 해요. 최상위 포식자라면 다른 동물들을 모두 이겨서 얻은 자리일 텐데 인간이 동물한테 얼마나 위험한 걸까요?

인간이 지구 역사상 최초인 것은 또 있어요. 최상위 포식자의 영역에 머물지 않고 생태계의 모든 지위를 누리고 있다는 점이지요. 생산자의 역할도 하고 초식 동물의 역할도 하고 육식 동물의 역할도 합니다. 심지어 분해자의 역할까지 도맡아서 합니다. 이러한 인간의 활동은 필연적으로 각 영역에서의 심각한 경쟁 상태를 만듭니다. 경쟁은 진화를 촉발하기도 하지만 뒤처진 생물의 멸종을 일으키기도 합니다. 그런데 인간 종이 워낙 강력한 경쟁력을 가져서 대부분의 생물은 참패를 면치 못하는 겁니다. 그들이 인간과 겨루기 위해서 겪어야 하는 진화가 미처 이루어지기도 전에 압도당하고 있지요. 지구는 생태계 전 영역에 걸쳐서 멸종이 진행 중입니다. 여러 과학자가 주장하듯이 제6의 대멸종이 이미 시작된 것입니다.

》 호랑이는 왜 《
사람을 습격했을까?

인간은 먼저 호랑이나 사자, 곰 같은 대형 포식 동물과 최상위 포식자의 자리를 놓고 싸웁니다. 인간이 직접 그들을 죽이진 않지요. 다만 그들이 필요로 하는 먹이를 뺏고 그들의 서식지를 침범합니다. 호랑이 같은 대형 포식 동물들은 산 하나를 통째로 자신의 영역으로 삼아야 할 정도로 한 마리당 필요한 영역의 범위가 넓습니다. 그래서 이들은 대부분 혼자 생활을 하지요. 그런데 넓은 서식지를 필요로 하는 것은 인간도 마찬가지입니다. 인간과 대형 포식 동물의 갈등이 생길 수밖에 없지요. 흔히 고사나 민담에 보면 호랑이에게 사람이 습격당하는 이야기가 많이 나오는데, 사실은 서식지를 잃은 호랑이가 원래 자기의 영역이었던 곳에 사는 인간과 마주치는 이야기가 대부분입니다.

현재 유럽 대부분과 미국의 동부, 한국과 일본, 중국의 동해안 지역 등 사람들이 오래전부터 도시를 이루고 살고 있고, 주변도 개발이 된 곳에는 대형 포식 동물이 거의 사라졌습니다. 오직 곰 정도만이 살아남아 있는데 이는 곰이 육식성이 아니라 잡식성이기 때문에 가능한 것이지요.

인간은 또 중형, 소형 포식 동물들과의 경쟁에서도 이기고 있습니다. 늑대와 여우, 오소리, 너구리 등은 이제 도시 주변에선 거의 사라졌고 농촌에서도 구경하기 힘들지요. 오로지 국립 공원과 같이 보호받는 곳에서만 간헐적으로 발견됩니다. 이들 또한 도시와 도시 사이 섬처럼 남아 있는 숲에선 살아남기 힘듭니다. 물론 요사이 자연 보호가 중요하게 거론되면서, 그리고 여러 환경 정책이 실행되면서 이들의 개체 수가 조금씩 늘고 있긴 하지만 아직도 위태로운 상황입니다.

마찬가지로 대형 초식 동물도 줄어들어 아프리카의 누(Gnu)나 북극권의 순록을 비롯하여 동남아나 남미의 열대 우림에 사는 종들만이 살아남았습니다. 그렇다면 우리나라에 사는 대형 초식 동물은 무엇이 있을까요? 가축이 아닌 초식 동물은 대부분 사라졌고 그나마 사정이 나은 것은 고라니뿐입니다. 야생 산양과 야생

염소는 거의 자취를 감추었습니다. 그리고 잡식성인 멧돼지만 살아남았을 뿐이지요. 그 외 몇 군데 국립 공원 그리고 비무장 지대에 사슴과 노루 정도가 있지요. 한국 전쟁으로 큰 타격을 받았고, 이후 고속도로나 철도가 놓이면서 이동이 힘들어지고, 사람들이 늘어나면서 경작지도 늘고 산림 주변에 주택 단지들이 들어서면서 살 곳이 없어졌기 때문입니다.

》 인간과 경쟁하면 《 모두 멸종한다

그리고 지금도 아마존과 동남아 열대 우림에 사는 생명들은 자신의 서식지를 파괴하는 인간과의 관계에서 연전연패하고 있습니다. 또 북극의 동물들도 인간에 의한 지구 온난화로 서식지를 잃고 있지요. 우리가 도로를 하나 건설하고, 도시를 지을 때마다 다른 생명들은 그만큼 줄어들게 됩니다. 바다도 마찬가지지요. 해안가를 차지하던 물개와 물범은 이제 항구에서 멀리 떨어진 섬들을 중심으로 자신의 행동반경을 줄여야 합니다. 멸치를 포획하는 인간의 저인망과 싸워야 하는 대형 포식 물고기는 항상 배가 고프지요. 참치를 떼로 잡아 버리니 바다의 최종 포식자인 상어와 범고래 또한 위험합니다.

경쟁은 어떤 종에게는 진화를 낳고 또 다른 종에게는 멸종을 선고합니다. 자연계의 법칙이지요. 그러나 인간과 경쟁이 붙은 종들은 예외 없이 모두 멸종을 선고받고 있습니다. 결국 인간이 등

장함으로써 새로 생긴 법칙은 '인간과 경쟁하면 모두 멸종한다'는 것이지요. 이런 상황에서 공존은 어림도 없습니다. 오직 멸종만이 있을 뿐이지요. 수십억 년을 이어 온 지구와 생물들, 그리고 생물들 상호 간의 공진화*는 지금 커다란 위기 앞에 속수무책입니다.

★ 한 생물 집단이 진화하면 그 집단과 관련된 생물 집단도 같이 진화하는 현상. 가령 먹고 먹히는 관계나 서로 경쟁하는 관계에 있는 생물들이 한쪽이 진화하면 그에 대응해서 다시 진화하게 되는 것을 말한다.

29

산호가 하얗게 죽어 간다고?

빨갛고 노란 산호들이 잔뜩 모여 있고, 산호 사이사이 예쁜 물고 기들이 어울려 사는 그런 멋진 바닷속 풍경을 본 적 있나요? 그런데 이 아름 다운 산호초에 문제가 생겼다고 하네요. 산호가 하얀색으로 변해 죽어 가고 있어요. 바다에 무슨 일이 생긴 걸까요?

바다는 지구 전체 면적의 70%가량을 차지합니다. 아주 넓지요. 하지만 생물이 살 수 있는 곳은 생각보다 좁습니다. 바다에는 물은 풍부한 반면 빛이 부족하기 때문이에요. 바다에서 광합성을 하는 조류나 식물성 플랑크톤은 햇빛이 닿는 깊이에서만 살 수 있습니다. 그런데 햇빛은 최대로 깊이 들어와도 수심 200미터가 한계입니다. 바다의 평균 깊이가 3~4킬로미터 정도 되니까 전체의 20분의 1밖에 안 되는 거지요. 그래서 수심 200미터 아래로는 생물들이 아주 적게 살고 있습니다.

더구나 빛이 있다고 다 살 수 있는 건 아니에요. 육지의 식물들이 뿌리로 영양분을 흡수해야 살 수 있듯이, 바다의 조류나 식물성 플랑크톤도 여러 가지 무기 염류가 필요합니다. 이런 무기 염류는 육지에서 강물 등을 통해 공급되므로 육지 가까이 무기 염류가 풍부한 곳에 바다 생물들이 많이 살게 되지요. 그러니 바다 한가운데는 생각보다 생물들이 적은 겁니다.

》산호초는 《
인기 있는 생태계

이런 조건 속에서 바다 생태계를 책임지는 것이 산호초입니다. 산호초를 만드는 산호충은 말미잘이나 해파리의 친척 정도 되는 아주 작은 바다 동물이지요. 이 녀석들은 자신을 보호하기 위해 탄산 칼슘으로 껍데기를 만드는데, 혼자 사는 것이 아니라 수백만, 수천만 마리가 같이 살면서 껍질을 만듭니다. 껍질 속에 살던 산호충은 죽어도 껍질은 계속 남아 있고, 그 위나 옆으로 새로운 산호충들이 또 집을 짓습니다. 이렇게 형성된 걸 우린 산호초라고 하지요. 산호초는 바다 전체 면적의 0.4%밖에 안 됩니다. 그러나 이 산호초가 바다 생태계의 40%를 책임지고 있습니다. 지구상에서 가장 생물 다양성이 높은 생태계에 속하지요.

산호충은 맑고 따뜻한 그리고 얕은 바다에 주로 삽니다. 그래서 산호초도 대부분 열대 지방이나 아열대 기후 지역에 분포하고 있지요.

》 지구 온난화를 막는 《
산호초

산호충의 몸 안에는 광합성을 하는 원생생물인 조류가 살고 있어요. 조류들이 광합성을 해서 만든 영양분을 산호충에게 주고, 산호충은 조류가 필요로 하는 무기 염류와 이산화 탄소를 공급하며 공생합니다. 이 산호충 안의 조류가 광합성으로 흡수하는 이산화 탄소의 양은 어마어마하게 많지요.

또 산호충은 탄산 칼슘으로 껍질을 만들면서 이산화 탄소를 소비합니다. 산호충이 탄산 칼슘을 만들면서 물속의 이산화 탄소를 흡수하면, 바닷물의 이산화 탄소가 줄어들겠지요? 그럼 바다가 다시 공기 중의 이산화 탄소를 흡수합니다. 이런 과정이 계속 되풀이되면서 우리 인간이 내놓은 이산화 탄소 중 많은 양이 바다에 녹게 됩니다. 덕분에 대기 중 이산화 탄소 농도가 지금 정도로

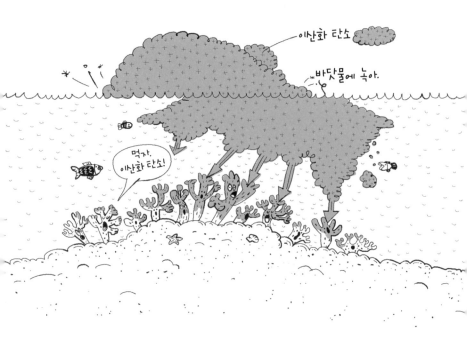

유지되고 있는 거지요. 지구 온난화를 막는 데 산호가 중요한 역할을 하는 겁니다.

》 앞으로는 산호를 《
보지 못할 수 있어

그런데 세계 곳곳에서 산호초가 하얗게 죽어 가고 있습니다. 원래 살아 있는 산호는 붉고 푸르고 노란 천연색을 띠고 있지요. 이 색은 산호 몸 안의 조류가 만드는 것입니다. 그런데 수온이 급격히 상승하거나 오염 물질이 들어오면 조류가 사라지게 되고 그러면 산호도 죽게 됩니다. 조류가 사라지면서 산호 색깔이 하얗게 변하는데, 이것을 백화 현상이라고 하지요. 미국 국립해양대기국 등에 따르면 전 세계 바다의 산호초 지역에서 백화 현상이 일어나는 주기가 5배가량 빨라졌다고 합니다. 원래는 백화 현상이 발생해도 아주 가끔이면 스스로 회복할 수 있는데, 이렇게 자주 일어나면 산호초는 회복이 불가능해진다고 합니다.

백화 현상이 심해지는 건 바닷물 온도가 올라가기 때문이에요. 예전에는 수심 10미터 정도의 산호만 백화 현상이 일어났는데, 지구 온난화로 바닷물 온도가 올라가자 지금은 수심 30미터에서도 백화 현상이 나타나고 있다고 합니다. 과학자들에 따르면 지구의 평균 기온이 지금보다 0.5도 더 올라가면 지구 전체 산호의 97%가 사라질 거고, 1도 정도 더 올라가면 99.9%가 사라질 거라고 하니 정말 큰일이 아닐 수 없습니다.

앞으로 20~30년이 지나면 이제 열대 바다에 가도 산호를 볼수 없을 가능성이 아주 높아요. 인류가 이산화 탄소를 너무 많이 내놓을 뿐만 아니라 해양을 오염 시켜 산호가 살아가기 힘든 바다로 만들고 있으니까요. 이런 이유로 전 세계 바다가 아주 심각한 위기를 맞고 있습니다. 제6의 대멸종은 바다에서 이미 시작되었습니다.

30

일벌이 사라지고 있다고?

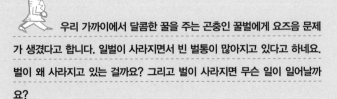

우리 가까이에서 달콤한 꿀을 주는 곤충인 꿀벌에게 요즈음 문제가 생겼다고 합니다. 일벌이 사라지면서 빈 벌통이 많아지고 있다고 하네요. 벌이 왜 사라지고 있는 걸까요? 그리고 벌이 사라지면 무슨 일이 일어날까요?

동물 중 가장 많은 종류를 차지하는 것은 절지동물이고 그중에서도 곤충이 가장 다양한 종을 자랑합니다. 지구상에 파악되는 동물은 약 120여만 종인데 곤충이 약 80% 정도를 차지하지요. 종류가 대단히 많지요? 그중에서도 벌과 나비 그리고 딱정벌레가 가장 많습니다.

벌은 중생대에 처음 나타난 이래 속씨식물과 공진화한 대표적인 생물입니다. 벌은 꽃에 기대어 살고, 꽃은 벌에 기대어 번식하며 함께 진화해 왔어요. 벌 중에서도 가장 중요한 건 꿀벌입니다. 꿀벌은 인간하고 가장 친한 곤충이기도 하지요. 물론 꿀벌의 꿀을 먹기 위한 인간의 일방적인 사랑이긴 하지만요. 무려 13,000년 전 암석에 그려진 그림에서도 인간이 꿀벌의 벌통에서 꿀을 뺏어 먹는 모습이 나타납니다. 양봉을 시작한 것도 5천 년이 넘지요.

》개체 수가 《
절반이 된 꿀벌

꿀벌은 여왕벌을 중심으로 집단생활을 하는 군집성 곤충입니다. 일벌은 꿀을 모으고 벌집을 짓고 유충을 보살피고 공격자로부터 지키는 등 다양한 일을 해요. 일벌이 꿀을 모으기 위해 꽃을 드나들 때 다리의 잔털에 붙은 꽃가루가 다른 꽃의 암술에 전달되어 꽃의 수분도 이루어집니다.

그런데 최근 꿀벌 군집 붕괴 현상이 전 세계적으로 자주 나타나면서 꿀벌의 개체 수가 빠르게 줄어들고 있습니다. 군집 붕괴 현상이란 가장 많은 일을 도맡아 하는 일벌이 사라지면서 벌통이 비어 버리는 사건을 말합니다.

원래 겨울 동안 식량이 부족하다든가 하는 이유로 매년 봄마다 일정한 비율로 나타나던 일이지요. 그러나 최근의 군집 붕괴 현상은 벌의 사체조차 남기지 않고, 심지어 애벌레는 모두 살아 있는 상태에서 일벌이 사라져 버리는 특징이 있습니다.

더구나 2006년에 처음 나타난 이후로 매년 꿀벌이 지속해서 사라지고 있다는 점에서 과거의 단발성 양상과는 다릅니다. 미국과 유럽에서는 개체 수가 이미 50%나 줄어들었다고 합니다.

문제는 원인이 뭔지 모른다는 거지요. 과학자들이 추정하는 원인은 여러 가지가 있습니다. 농약과 화학 물질이 퍼지면서 꿀벌의 기억력이 약해지고, 그로 인해 집을 찾지 못하는 것을 하나의 원인으로 들고 있습니다. 또 양봉이 늘어나면서 야생벌이 줄어든 것도 원인으로 지목되고 있지요. 양봉하는 벌들은 유전적으로 거의 동일하기 때문에 양봉이 늘어나고 야생벌이 줄어들면 그만큼 유전적 다양성이 줄어드는 문제가 생깁니다. 이런 현상을 유전적 병목 현상이라고 하지요. 그리고 기후 변화로 인해 기존에 살아가던 환경이 변하면서 적응을 하지 못하기 때문이라고도 지적하고 있습니다.

» 꿀벌이 사라지면 《
육지 생태계가 위험해

인간이 재배하는 작물의 3분의 1은 곤충에 의해 수분이 되는 충매화이고 충매화 중에서 80%가 꿀벌에 의존해요. 우리가 재배하는 작물의 27%가 꿀벌 없이는 생존할 수가 없지요. 당장 일본의 나가노현에선 벌들이 사라지면서 농부들이 일일이 손으로 수분을 하고 있습니다.

인간이 재배하는 작물뿐 아니라 생태계 전반에서도 꿀벌에 의한 수분이 이루어지지 않으면 당장 멸종 위기에 처하게 될 수많은 식물이 있지요. 벌이 사라지는 것은 육지 식물의 대부분을 차지하는 속씨식물에게 엄청난 타격이 될 것입니다. 수분이 되지 않으면 열매를 맺을 수 없고, 열매를 맺지 못하면 다음 세대가 나올 수가 없겠지요. 이는 식물에 의지하는 다른 초식 동물과 먹이 그물로 연결된 모든 동물의 문제이기도 합니다. 꽃이 사라진 세상, 식물이 더는 열매를 맺지 못하는 세상은 얼마나 끔찍할까요? 꿀벌이 사라지면 수억 년 동안 이루어져 온 육지 생태계 전반이 붕괴되는 심각한 결말을 맞을 수도 있는 것입니다.

지난 다섯 번의 멸종 중 앞의 두 번은 바다에서만 일어난 멸종이었으니까 빼더라도, 나머지 세 번의 대멸종에서 가장 피해가 적었던 동물이 바로 곤충입니다. 이렇게 끈질긴 생명력을 유지했던 곤충들이 사라지는 것은 지금의 생태계가 얼마나 불안한 상태인지를 보여 주는 경고일 것입니다.

31

크릴을 먹으면 안 된다고?

크릴은 언뜻 보기엔 아주 작은 새우처럼 보이지만 새우는 아니고

새우 사촌쯤 되는 갑각류예요. 그런데 요즘 남극 바다에 엄청나게 많던 크릴

이 줄어들어서 남극 생물들 전체를 위협한다는데 무슨 일이 일어난 걸까요?

남극 주변의 바다는 전 세계에서 가장 거칠기로 유명합니다. 남극은 다른 대륙과 이어져 있지 않고 섬처럼 떨어져 있습니다. 그 주변을 원을 그리듯이 도는 해류가 남극 순환류인데 이것을 막는 육지가 없으니 아주 빠른 속도로 돌지요. 빠르게 도는 팽이가 주변에서 날아오는 모래를 뿌리치는 것처럼 남극 순환류도 주변의 바다에서 흘러오는 따뜻한 바닷물을 내쳐서 남극에 닿지 못하게 막고 있습니다. 그래서 남극 주변의 바다는 전 세계에서 가장 추운 곳이지요.

또 남극 순환류는 대서양과 태평양 그리고 인도양의 물을 서로 섞어 주고 나눠 주는 역할도 합니다. 그 과정에서 바다 밑에 있던 영양분이 풍부한 물이 위로 올라와 서로 섞이기 때문에 남극 바다는 춥지만 아주 영양분이 많기도 합니다. 더구나 바닷물이 차가울수록 산소가 더 잘 녹으니 남극의 바닷물은 차가운 것만 빼면 아주 살기 적당한 장소이지요. 그래서 식물성 플랑크톤과 동물성 플랑크톤이 아주 풍부합니다. 그리고 플랑크톤을 먹는 크릴이라는 녀석들도 아주 많이 살고 있습니다. 크릴은 길이는 길어 봤자 6센티미터에 몸무게는 1~2그램밖에 안 됩니다. 이런 작은 녀석들이 아주 빽빽하게 모여서 엄청난 무리를 이루며 지내고 있는 거지요. 이 크릴은 알고 보면 남극 생태계를 떠받치는 아주 중요한 녀석이랍니다. 남극에 사는 모든 동물의 먹이가 되니까요.

》 크릴은 남극 생물들을 《 먹어 살려

수염고래라고 들어봤나요? 수염고래 종류는 몸 길이가 무려 30m 가까이 되는 대왕고래를 비롯해 혹등고래, 긴수염고래 같은 아주 덩치 큰 고래들이 있는데 겉에서는 수염이 보이질 않습니다. 사실 이 녀석들의 수염은 입 안에 있습니다. 큰 입을 벌려 바닷물을 쑥 삼켰다가 입 안의 수염 사이로 내뱉는 거지요. 그럼 물만 빠져나가고 작은 생물들이 수염에 걸리는데 이걸 먹고 사는 겁니다. 그 중 수염고래들이 가장 많이 먹는 것이 크릴입니다. 대왕고래의 경우 하루에 먹어 치우는 크릴의 양이 약 6.5톤이나 됩니다.

크릴을 먹고 사는 건 대왕고래뿐만이 아니지요. 혹등고래, 참고래, 밍크고래도 매년 겨울이면 남극으로 와서 크릴로 살을 찌웁니다. 남극대구 같은 물고기들도 먹고 전갱이나 안초비 등 작은 물고기 등도 크릴을 먹습니다. 크릴이 남극 생태계에서 차지하는 비중은 90%에 이릅니다. '크릴보다 작은 생물 중 크릴이 먹지 않는 게 없고, 크릴보다 큰 생물 중 크릴을 먹지 않는 게 없다'는 말이 있을 정도라고 합니다. 한마디로 크릴이 없으면 남극 동물들은 다 굶어 죽는다는 것이지요.

» 사람들에게 «
남획되는 크릴

크릴은 먹이와 피신처를 찾아 빙하 주변에 살고 있습니다. 가장 좋아하는 온도가 2도니 엄청 추운 곳에 맞게 진화한 거지요. 그런데 기후 위기로 인해 남극의 빙하가 자꾸 녹아 사라지면 크릴 입장에서는 자기가 살 터전을 잃어버리게 되는 것입니다.

하지만 지금 크릴에게 기후 위기보다 더 큰 위기가 닥치고 있습니다. 사람들이 남극에 와서 크릴을 마구 잡아들이고 있기 때문입니다.

크릴은 오메가3 지방산, 고단백 필수 아미노산, 단백질 분해 효소 등을 포함하고 있어서 각종 건강식품이나 약품 개발의 원료로 이용되고 있습니다. 요즘엔 크릴 오일이 혈액 속의 지방 성분을 녹인다고 각광을 받는 탓에 홈쇼핑 채널에서도 열심히 팔고 있지요. 물론 혈액 속의 지방 성분을 녹인다고 그 지방이 사라지는 건 아니니 별 효과도 없는 데도 광고에 혹해서 사람들이 많이 사고 있습니다.

또 크릴은 미국과 유럽에서는 가축 사료로 사용되고 있고, 우리나라에서는 낚시용 미끼로 사용됩니다. 이런 이유로 매년 사람들이 잡는 크릴의 양이 약 30만 톤이나 된다고 합니다.

현재 남극 크릴 개체 수는 옛날에 비해 80% 정도가 줄었습니다. 고작 5분의 1 정도만 남은 거지요. 그러니 크릴을 먹고 사는 수염고래들의 먹이가 부족한 실정입니다. 고래뿐만이 아닙니다. 크릴을 먹고 사는 전갱이 같은 작은 물고기들도 줄어들어서 전갱이를 먹고 사는 고등어나 참치 같은 큰 물고기들도 줄어들게 됩니다. 따라서 이들을 먹이로 하는 펭귄이나 물개, 돌고래들의 개체 수도 감소할 수밖에 없습니다.

지금 줄어드는 크릴 때문에 남극 해양 생물 전체가 심각한 위기에 빠져들고 있습니다.

32

오랑우탄은 어디로 가야 할까?

동남아시아의 열대 우림이 급격히 사라지고 있습니다. 오랜 세월 이 열대 우림의 깊은 숲에서 살아가던 오랑우탄은 살 곳을 잃는 위기에 처했고요. 숲을 잃은 오랑우탄은 어디서 살아야 할까요?

오랑우탄은 원래 원주민 말로 '숲에 사는 사람'이라는 뜻입니다. 오랑우탄과 오랫동안 같이 살아왔던 원주민들 눈에 꼭 사람처럼 보였나 봅니다. 생물학 분류로 보면 오랑우탄은 실제로 우리 인간과 아주 가까운 '사람과'에 속하는 동물이지요. 생물을 분류하면 크게 동물, 식물, 균, 원생생물, 원핵생물 이렇게 다섯 가지 부류가 나옵니다. 그중 동물은 다시 38개의 문으로 나눕니다. 절지동물문, 연체동물문, 척삭동물문 뭐 이런 식이지요.

그중 척삭동물문은 다시 포유강, 파충강, 양서강, 조강, 연골어강 등 14개 강으로 나누고, 포유강은 다시 영장목, 쥐목, 토끼목 등 27개 목으로 나눕니다. 복잡하지요? 조금만 더 가봅시다. 영장목은 흔히 우리가 원숭이라고 부르는 동물들의 분류입니다. 이 영장목을 다시 사람과, 긴팔원숭이과, 안경원숭이과 등 16개의 과로 나눈답니다. 이제야 분류에서 사람과가 출현했네요.

이렇게 나누고 나눈 사람과에는 오랑우탄속, 고릴라속, 침팬지속, 사람속이라는 네 개의 속이 있습니다. 정말 사람하고 가까운 동물들이지요? 진화의 단계에서 가장 먼저 갈라져 나간 건 오랑우탄입니다. 지금으로부터 1,400만 년 전쯤에 갈라졌습니다. 다음으로 고릴라가 1,000만 년 전쯤에 갈라지고 침팬지와는 700~500만 년 전쯤에 갈라졌다고 합니다.

아주 오래된 것 같지만 사실 그렇게 오래된 건 아닙니다. 공룡이 멸망하고 포유류가 육지의 주인공처럼 등장한 것이 지금으로부터 6,600만 년 전쯤이고, 지금과는 다르지만 생물들이 모여 생태계를 형성한 것은 5억 년도 훨씬 전입니다. 그러니 침팬지랑 헤어진 500만 년 정도는 아주 짧은 시간이라고 볼 수 있지요. 실제로 사람과 침팬지는 유전자도 98.8% 일치하고, 사람과에서 가장 먼 오랑우탄도 유전자의 97%가 사람과 일치합니다.

》 영국 전체 면적만큼 사라진 《
열대 우림

이들 사람과 중 인간을 제외한 나머지들은 모두 열대 우림에서 살고 있습니다. 오랑우탄은 동남아의 열대 우림에 살고, 고릴라와 침팬지는 아프리카의 열대 우림에 삽니다. 이 오랑우탄과 침팬지들이 요사이 굉장히 큰 위험에 빠져 있어요. 이들이 사는 열대 우림은 1년 내내 월 평균 기온이 18도를 넘고 연 강수량도 1,680밀리미터가 넘는 삼림 지역입니다. 지구 전체 면적의 25% 정도를 차지합니다. 그런데 이 열대 우림이 사라지고 있습니다.

오랑우탄이 사는 말레이시아 보르네오섬과 인도네시아의 수마트라섬에서는 매년 숲이 사라지고 있지요. 보르네오섬에선 목재를 얻기 위해 숲을 베어 내는 바람에 2001~2016년 사이 사라진 숲이 25,000km²가 넘습니다. 또 수마트라섬에선 야자수 농장을 만들기 위해 열대 우림을 개간하고 있습니다. 1990~2015년 사이 영국 전체 면적에 해당하는 숲이 사라졌지요.

지구 전체로 보면 한반도 면적의 67배나 되는 1,500만km²였던 열대 우림이 2015년 기준으로 거의 1/3인 600만km²로 줄었습

니다. 지금도 매일 여의도 면적의 38배인 324km²의 열대 우림이
사라지고 있습니다.

숲이 줄어들면 그곳을 터전으로 삼는 생물들은 당연히 멸종
의 길로 들어서게 됩니다. 오랑우탄도 이미 멸종 위기입니다. 동남
아시아의 열대 우림이 파괴되면서 살 수 있는 곳이 점점 줄어들고
있기 때문이지요. 오랑우탄만이 아니라 수마트라 호랑이, 코뿔소,
코끼리와 같은 동물의 개체 수도 극적으로 줄어들고 있습니다.

아프리카도 사정은 마찬가지입니다. 침팬지와 고릴라가 사
는 아프리카의 열대 우림도 점점 줄어들고 있기 때문이지요. 이들
이 사는 열대 우림 인근의 인구가 증가하면서 농사를 짓기 위해

열대 우림을 마구 파괴하고 있기 때문입니다.

멕시코 국립자치대 생명과학연구소 알레한드로 에스트라다 교수팀과 미국 일리노이대 인류학과 폴 가버 교수팀의 공동 연구에 따르면, 이렇게 인간의 활동으로 열대 우림이 줄어들면 영장류 대부분이 앞으로 25~50년 사이에 멸종할 거라고 합니다.

더 늦기 전에 말레이시아와 인도네시아, 아프리카 등의 열대 우림 지역의 파괴를 막고 환경을 보호하는 대책을 적극적으로 세워 집중 보호를 해야 합니다. 그렇게 하는 것이 오랑우탄과 같은 영장류의 멸종을 예방할 수 있는 길입니다.

33

대멸종이
가까워지고
있다고?

지구에 사는 육지 척추동물이 계속 멸종되고 있는데 이 상태로
계속 간다면 20년 내에 500여 종이나 더 멸종될 수 있다고 하네요. 그렇다
면 대멸종이 이미 시작된 건가요? 그럼 인간은 어떻게 되나요?

2020년 6월 미국 스탠퍼드대 폴 에를리히 교수와 멕시코 국립자치대 생명과학연구소 제라르도 세발로스 박사팀은 현재 생물들의 멸종 속도가 예상했던 것보다 훨씬 빨라지고 있다고 발표했습니다. 지난 100년 동안 540여 종의 육지 척추동물이 사라졌는데 앞으로 20년 안에 육지 척추동물 500여 종이 멸종될 수 있다고 한 겁니다. 20세기에 비해 21세기에는 멸종 속도가 다섯 배나 빨라지고 있다는 것이지요.

》 한 종이 멸종하면 《
생태계 전체가 불안해져

현재 개체 수가 1,000마리가 안 되는 육지 척추동물이 515종이나 되고, 그중 조류가 335종, 포유류가 74종, 양서류가 65종, 파충류가 41종이 됩니다. 멸종이 가장 임박한 생물들이지요. 이 중 절반 정도는 개체 수가 250마리도 안 된다고 합니다.

또 개체 수가 5,000마리가 안 되는 종도 388종이나 된다고 합니다. 이들 중 84%가 멸종이 임박한 종과 같은 서식지에 살고 있습니다. 즉 한 종이 멸종 위기에 처하면 그 생태계가 불안정해져서 다른 종들의 멸종 위험도 커진다는 것입니다.

생물 종은 서로서로 그물처럼 얽혀 있지요. 그래서 한 종이 사라지면 다른 종이 위험에 처하게 됩니다. 만약 여우가 사라지면, 여우를 먹고 사는 호랑이는 먹이가 줄어드니 위험해지는 거지요. 또 반대로 여우가 사라지면 여우가 먹이로 삼는 야생들쥐는 마구 늘어나게 됩니다. 그럼 또 야생들쥐가 먹이로 삼는 벌레나 열매가 급격히 줄어들게 되겠지요. 한 종의 멸종이 다른 종의 멸종을 부르게 됩니다.

》100년 사이《
60억 명이 늘어난 인구

이들 멸종 위기에 처한 동물들이 사는 곳에 무슨 문제가 있는 걸까요? 이들이 사는 곳은 대부분 열대와 아열대 지역인데 이들 서식지와 그 주변에 인간이 많이 늘어나면서 서식지가 빠르게 파괴되고 있다는 사실도 밝혀졌어요.

지금으로부터 6,000년 전, 세계 인구는 약 700만 명 정도였습니다. 4,000년 전에는 2,000만 명으로 늘어나고, 다시 2,000년 전에는 2억 명으로 늘었습니다. 그러다 1,000년 전에는 3억 명이 되었고, 200년 전에는 10억 명이 되었습니다. 100년 전에는 17억 명으로 늘어났지요. 그런데 불과 100년이 지난 지금 전 세계 인구는 78억 명이나 되었어요. 100년 사이에 60억 명이나 늘어난 겁니다.

우리나라는 출산율이 줄어들어 고민이지만 전 세계로 보면 인구는 시간이 지날수록 더 빠르게 늘고 있습니다. 대부분 아프리카, 남아메리카, 중앙아메리카, 인도, 중동 등 열대와 아열대 지역에서 빠르게 늘고 있지요. 그리고 인구가 빠르게 늘고 있는 이곳에서 멸종 위기종도 크게 증가하고 있는 것입니다.

인류는 이 생태계에서 자신에게 주어진 역할 이상의 것을 요구하고, 실제로 갈취하고 있습니다. 당연히 생태계는 인류에 의해서 위험에 처할 수밖에 없지요.

바다에서는 산호초가 사라지고 육지에서는 꿀벌이 사라지며, 생명 다양성을 가장 많이 확보하고 있는 열대 우림이 사라지면서 인류는 최초로 스스로 대멸종을 만들고 있습니다. 그리고 그 속도는 우리가 느끼는 것보다 훨씬 빠르지요.

인류가 지구를 혼자 사는 행성이 아니라 다른 생물들과 더불어 사는 곳으로 인식하고 '지속 가능한 개발'을 통해 멸종의 시계를 늦춰야만 합니다. 시간이 얼마 남지 않았습니다.

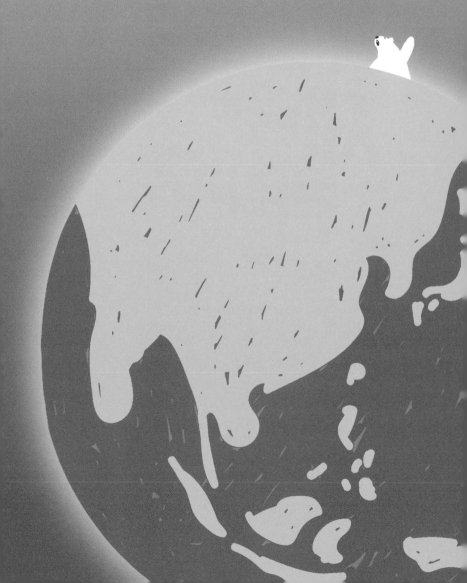

6장

그린뉴딜,
지구를 구하는 길

34

탄소를 배출하면 세금을 내야 한다고?

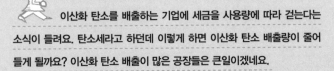

이산화 탄소를 배출하는 기업에 세금을 사용량에 따라 걷는다는 소식이 들려요. 탄소세라고 하던데 이렇게 하면 이산화 탄소 배출량이 줄어 들게 될까요? 이산화 탄소 배출이 많은 공장들은 큰일이겠네요.

지구 온난화를 일으키는 이산화 탄소의 발생량을 줄이는 건 이제 우리 모두가 꼭 해야만 하는 과제가 되었습니다. 그렇다면 어떻게 줄여야 할까요?

전 세계에서 발생하는 이산화 탄소의 30~40%는 산업 부문에서 나오고 있어요. 그런데 공장을 돌리는 데 석유나 석탄 같은 화석 연료로 만든 전기를 사용하는 것까지 고려하면, 실제 산업 부문이 만드는 이산화 탄소의 양은 전체의 50%가 넘는 셈입니다.

결국 이산화 탄소의 발생량을 줄이려면 산업 부문에서 줄여야 하는 거지요. 그런데 이 산업 부문 중에서도 가장 이산화 탄소를 많이 내는 여섯 곳이 있습니다. 어디일까요? 바로 철강, 시멘트, 석유화학, 플라스틱, 제지, 알루미늄 공업입니다. 이 여섯 곳을 다 합치면 산업 부문 중 80% 이상을 차지합니다.

그런데 잘 생각해 보아요. 우리가 철 없이 살 수 있을까요? 자동차도 배도 모두 철로 만듭니다. 우리가 사는 집을 지을 때도 철근이 들어가고 못, 나사, 경첩, 망치, 가위, 스테인리스 그릇 등 철이 없다면 우리 생활이 불가능합니다. 시멘트도 마찬가지이지요. 요사이 짓는 건물들은 대부분 철근 콘크리트 구조입니다. 이 콘크리트의 주원료가 시멘트이니 생산을 막기는 어려운 일입니다. 플라스틱도 종이도 알루미늄도 다 마찬가지입니다. 우리가 삶을 꾸려 갈 때 없어선 안 될 물건들이지요.

》 탄소세는 기업이 《
이산화탄소를 줄이게 하는 수단

그럼 방법은 뭘까요? 결국 두 가지입니다. 하나는 되도록 재활용을 하고, 이산화 탄소를 덜 내는 대용품을 찾아 생산량을 줄이는 것입니다. 또 하나는 생산 과정에서 이산화 탄소를 덜 발생하도록 새로운 생산 방법을 찾는 것입니다.

그런데 생산 과정에서 이산화 탄소 발생량을 줄이려면 그 기술을 연구하는 데도 비용이 들고, 실제 생산 공정에 적용하는 데도 비용이 듭니다. 기업 입장에서는 비용이 더 많이 드는 일을 굳이 할 이유가 없겠지요. 더구나 이렇게 비용이 들면 원가가 비싸지니까 팔 때도 더 비싸게 팔아야 합니다. 그런데 경쟁 업체는 기존 방식대로 만들어서 팔면 비싼 새 제품은 시장에서 외면받기 쉽지요. 그러니 기업체들에게 이런 노력을 해 달라고 부탁만 해서는 별 진전이 없는 것입니다.

그래서 생산 과정에서 이산화 탄소를 배출하는 기업에 탄소세를 부과해야 한다는 주장이 힘을 얻고 있어요. 이산화 탄소 발생량당 일정 금액을 세금으로 부과하면, 기업으로서도 이산화 탄소 발생량을 줄이는 것이 기업 활동에 도움이 될 수 있으니까 이전보다 더 큰 노력을 기울이게 될 것입니다. 1990년 핀란드에서 처음 도입된 탄소세는 현재 독일, 영국, 덴마크, 스웨덴 등 유럽의 많은 나라에서 시행하고 있습니다. 실제로 이산화 탄소 발생량이 줄어드는 효과를 보이고도 있지요.

» 탄소세를 «
어디에 쓰면 좋을까?

이렇게 확보한 탄소세를 재원으로 해서 기후 위기에 대비한 다양한 활동을 전개할 수 있어요. 이산화 탄소 발생량을 줄이려면 현재 석유, 석탄, 천연가스 같은 화석 연료를 이용한 전력 생산 시스템을 태양광, 풍력, 지열과 같은 신재생 에너지로 완전히 바꿔야합니다. 또 기존에 휘발유나 경유로 움직이는 자동차도 모두 전기 자동차로 바꿔야 합니다. 이것 말고도 우리 사회에서 이산화 탄소가 발생하는 모든 지점을 샅샅이 파헤쳐서 바꿔야 해요.

그런데 이렇게 되면 직장을 잃는 사람들이 아주 많이 생길 수밖에 없어요. 일단 화력 발전소에 근무하는 사람들이 직장을 잃겠지요. 전기 자동차는 기존 내연 기관 자동차보다 부품 수가 10분의 1밖에 되질 않습니다. 그럼 기존의 자동차 부품을 생산하는 사람들 중 절반 이상이 일을 할 수가 없게 되어요. 게다가 자동차 수리업에 종사하는 사람들도 전기 자동차는 수리할 일이 많이 줄어들기 때문에 일자리를 잃게 될 것입니다.

이런 사람들을 신재생 에너지 사업이나 전기 자동차 등 기후 위기를 극복하는 데 필요한 사업에서 일할 수 있도록 해 주어야합니다. 그래서 다시 직업 훈련을 시키고 새로운 일자리에 적응할 수 있도록 직무 연수도 시키는 등 일자리를 만드는 일도 굉장히 중요한 것입니다. 이런 일에 탄소세로 걷은 세금을 활용할 수 있는 거지요.

하지만 부작용도 생각해야 합니다. 탄소세를 부과하면 그만큼 원가가 올라가니 제품의 판매 가격도 올라갈 것입니다. 앞서 살펴본 것처럼 모두 생활에 필수적인 제품들이니 소비자 입장에서는 사지 않을 수도 없는 거지요. 이렇게 되면 가난한 사람들은 더 큰 가격 부담을 가질 수밖에 없습니다. 이런 문제를 어떻게 해결하면서 탄소세를 부과할지를 고민해야 합니다.

35

스마트 그리드로 태양광 발전이 똑똑해 진다고?

요사이 KTX를 타고 가다 보면 곳곳에 태양광 패널이 죽 늘어선 걸 볼 수 있어요. 아파트 베란다에도 태양광 패널을 설치한 집들이 느는 등 최근 태양광 발전이 빠르게 늘어났어요. 그런데 여러 날 비가 오거나 갑자기 많은 전기를 쓸 때도 태양광 전력을 계속 사용할 수 있을까요?

태양광 발전이란 햇빛이 가진 빛에너지를 전기 에너지로 바꾸는 것입니다. 그런데 빛에너지가 어떻게 전기로 변할 수 있을까요? 이 과정은 광전 효과라는 과학적 원리에 의해 이루어집니다. 광전 효과는 1887년 하인리히 루돌프 헤르츠가 처음 발견했는데 이에 대한 정확한 과학적 설명을 한 사람은 알버트 아인슈타인입니다. 아인슈타인이라고 하면 상대성 이론으로 유명하지만 실제로 노벨 물리학상을 받은 것은 바로 이 광전 효과를 설명해 냈기 때문입니다.

》 반도체에 빛을 쪼이면 《 전류가 흘러

광전 효과란 간단히 말해서 금속 표면에 빛을 쪼이면 전자가 튀어나오는 현상이에요. 금속 원자들은 전자를 잡아 두는 힘이 다른 원자들보다 약해서 금속 표면의 전자는 다른 물질보다 자유롭지만, 금속 원자핵과의 전자기적 인력 때문에 묶여 있습니다. 이 전자에 빛이 충돌하면서 태양의 빛에너지를 전자에게 넘겨주게 됩니다. 그러면 빛에너지를 받은 전자가 가지는 운동 에너지가 전자를 원자핵에 묶어 두는 에너지보다 커지면서 전자가 금속에서 빠져나오게 되는 것입니다.

이런 원리를 이용해서 반도체에 빛을 쪼여 전자가 튀어나올 수 있게 만들고, 이 전자가 회로를 움직이면서 전류가 흐르게 만든 것이 광 다이오드입니다. 이 광 다이오드를 촘촘하게 모아 놓

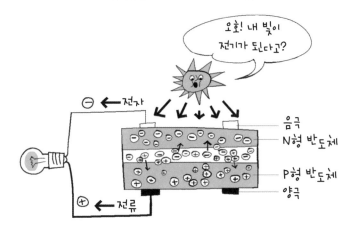

은 판을 태양광 패널이라고 해요. 태양 빛이 패널에 닿으면 광 다이오드 하나마다 전류가 생깁니다. 빛에너지가 전기 에너지로 바뀌는 것이지요. 태양광 발전이 된 겁니다.

광 다이오드 하나가 만드는 에너지는 아주 작지만, 이들이 좁은 면적에 아주 많이 모여 있어서 태양광 패널은 보통 $1m^2$당 164W의 전기를 만들 수 있습니다. 집에서 쓰는 형광등 중 가장 밝은 것이 50W 정도 되니까 $1m^2$로 형광등 3개 정도가 쓰는 전기를 생산할 수 있는 것입니다.

》 인공 지능으로 《
조절되는 전력 공급

태양광 발전은 태양이 제공하는 공짜 에너지를 이용한다는 것과, 전기를 만드는 과정에서 환경 오염 물질이 생기지 않는다는 것이 큰 장점이지요. 하지만 몇 가지 단점도 있습니다. 자연 조건의 영향을 많이 받고 우리가 그걸 조절할 수 없다는 점이지요. 일단 밤에는 전혀 전기를 만들지 못하고 비가 오거나 구름이 잔뜩 낀 날도 전기를 만들지 못합니다. 우리나라의 경우 일 년을 평균 내어 보면 하루에 약 3.5시간 정도 발전하는 꼴이 된다고 합니다.

　그러니 그에 대한 대비를 해야 합니다. 그래서 전기 저장 장치(Energy Storage System, ESS)를 만들었습니다. 휴대폰을 쓸 때도 배터리에 충전해 놓고 쓰는 것처럼 태양광 발전이 활발할 때 생산된 전기를 저장해 놓고 필요할 때 쓰는 장치입니다. ESS는 휴대폰 배터리처럼 리튬 이온 전지를 이용해서 만듭니다.

　태양광 발전에 또 하나 필요한 것이 스마트 그리드입니다. 스마트 그리드는 '똑똑한 전력망'이라고 하지요. 정보 통신 기술과 결합하여 전력망의 효율성을 높이는 지능형 전력망 시스템입니다. 기존에는 발전소 몇 개를 중심으로 전력 공급망을 짜면 그만이었지만, 전국에 퍼져 있는 태양광 발전소들과 전기가 필요한 곳을 유기적으로 엮어서 효율적으로 공급하려면 인공 지능을 통해 최적화된 모델을 만들어야 합니다. 더구나 지역에 따라 맑은 곳과 흐린 곳이 계속 달라지니 그에 대한 대비도 해야 하지요.

　이산화 탄소 발생량이 아주 적은 청정 에너지이면서 패널만 설치하면 태양 에너지를 무료로 쓸 수 있는 태양광 발전은 기후 위기를 극복하는 인류의 중요한 자산이 될 것입니다.

36

바다에서 풍력 발전을 한다고?

강원도 대관령에 가면 언덕 위에 하얗게 늘어선 풍력 발전기를 볼 수 있어요. 푸른 언덕 위에서 천천히 날개가 돌고 있는 광경이 멋져요. 거대한 날개가 천천히 도는 것만으로 전기를 만들어 내다니 신기해요. 게다가 바다에서도 풍력 발전을 한다네요. 가능한 일인가요?

풍력 발전기의 날개가 돌면 발전기도 돌아갑니다. 바꿔 말하면 바람의 운동 에너지가 전기 에너지로 바뀌는 것이지요. 이것이 바로 풍력 발전이에요.

풍력 발전기의 원리는 아주 간단합니다. 바람이 분다는 건 공기 분자들이 움직이는 것이지요. 이 공기 분자들이 날개에 부딪히면서 날개가 회전하게 됩니다. 센 바람일수록 날개는 더 많이 회전하지요. 날개의 회전력이 풍력 발전기의 변속 기어에 전달되면 아주 빠른 회전으로 바뀌게 됩니다. 풍력 발전기의 가운데에는 자석이 있고 그 주변에 전선들이 동그란 모양으로 꼼꼼히 둘러싸고 있어요. 따라서 자석이 빠르게 회전하면 전자기 유도 현상에 의해서 전기가 만들어집니다.

전자기 유도는 학교에서 다 배웠지요? 코일 주변에서 자석이 움직이면 그에 따라 코일에 전류가 흐르는 현상입니다.

》 육상 풍력 발전의 《 문제

풍력 발전의 양은 날개 길이의 제곱에 비례하고, 풍속의 세제곱에 비례합니다. 그러니 바람이 세게 부는 곳에 날개가 긴 발전기를 설치하는 것이 좋겠지요. 육상 풍력 발전이 주로 산 위에 지어지는 이유입니다. 산 위가 아래쪽보다 바람의 질이 좋으니까요. 발전기가 큰 이유이기도 하고요.

하지만 육상 풍력 발전에는 문제가 있습니다. 산 위에 거대한 풍력 발전기를 설치하려면 그 부품을 산 위까지 옮겨야 합니다. 그런데 작은 차로는 옮길 수 없으니까 멀쩡한 산에 넓은 도로를 내야 합니다. 발전기가 크니까 설치할 장소도 넓어야 하지요. 그만큼 숲의 나무를 베어 내야 합니다. 또 풍력 발전은 운영 과정에서 소음이 발생하는데 인간과 동물에게 불쾌감과 혼란을 줍니다. 특히 새들에게 가해지는 피해가 심각하지요. 미국 위스콘신주에서는 풍력 단지가 설치된 후 독수리나 부엉이 같은 맹금류들이 47%나 줄어들었다고 합니다.

　물론 수직축 풍력 발전이라고 해서 소음이 적은 소규모 풍력 발전 방식도 있습니다. 하지만 기업으로서는 이윤이 많이 남는 대규모 풍력 발전만 하려고 하지요. 결국 지역 주민들이 참여하는 협동조합 형태로 작은 풍력 발전소를 마을의 빈 공간에 세우는 방법 등을 마련해야 합니다.

》 육지보다 《
바람의 질이 좋은 바다

소규모 풍력 발전만 가지고는 필요한 에너지를 모두 얻기는 힘들지요. 그래서 해상 풍력 발전이 중요합니다. 해안에서 멀리 떨어진 바다에 대규모 풍력 발전소를 세우는 것입니다. 유럽에 이런 해상 풍력이 주로 세워지고 있습니다.

　해상 풍력의 첫 번째 장점은 바람의 질이 육지보다 좋다는 것입니다. 육지처럼 지형이 복잡하지 않기 때문에 마찰을 일으킬 장애물이 없고, 따라서 바람이 항상 일정한 방향과 속력을 가지고 불어옵니다. 또 사람이 사는 곳에서 멀리 떨어져 있으니 소음 공해 등에 대해 신경 쓸 필요가 없습니다. 그래서 더 큰 날개를 가진 발전기를 설치하기도 좋습니다.

요즈음엔 부유식 풍력 발전이라고 해서 바다 밑바닥에 고정하지 않고 바다에 떠 있는 부유체에 발전기를 고정하는 방식을 더 많이 사용합니다. 아무래도 깊은 바다 밑바닥에 설치하기도 힘들고 또 건설 과정에서 해양 생태계가 파괴되는 문제도 있기 때문이지요.

물론 바다라고 문제가 없는 것은 아닙니다. 태풍이나 폭풍이 불 때는 발전을 중단해야만 합니다. 바람 속도가 너무 빠르면 날개가 부서질 우려가 있기 때문입니다. 또 고래, 돌고래, 바다표범, 어류 등에 소음 스트레스를 주고 의사소통을 방해한다는 문제도 있습니다. 고래나 돌고래의 경우 아주 낮은 음파를 이용해서 서로 의사소통을 하는데 바로 그 음파와 비슷한 저주파를 풍력 발전기가 내기 때문이지요. 거기에 발전소 주변 바다에서 어업으로 생계를 유지하는 어민들에게도 불이익이 발생할 수 있습니다. 이런 부분들을 적극적으로 해결하려는 노력이 필요하겠지요.

37

전기 자동차로 바꿔 타야 할까?

요사이 전기 자동차가 붐입니다. 세계적인 자동차 회사인 독일의 BMW나 벤츠, 미국의 GM 같은 회사는 물론 우리나라의 현대·기아차도 전기 자동차가 앞으로 대세가 될 거라고 이야기해요. 왜 다들 휘발유로 가는 차 대신 전기 자동차가 더 좋다고 할까요?

유럽이나 미국의 캘리포니아주 같은 데서는 앞으로 10년이나 15년 뒤에는 휘발유로 가는 자동차는 사지도 팔지도 못하게 하겠다고 합니다. 왜 전 세계적으로 휘발유로 가는 차 대신 전기 자동차를 타게 하려는 걸까요?

핵심은 에너지 소비량과 이산화 탄소 발생량을 줄이려는 것입니다. 지금 움직이는 대부분의 자동차는 휘발유나 경유를 태워서 에너지를 얻습니다. 반면 전기 자동차는 움직이려면 발전소에서 석유를 태워 전기 에너지를 얻고, 이 전기를 송전선으로 전기 자동차 충전 장치까지 옮겨야 합니다. 이 과정에서 에너지 손실이 있지요. 게다가 전기 자동차 배터리를 충전할 때도, 전기로 모터를 움직여 달릴 때도 또 손실이 있지요. 이렇게 여러 번 에너지 손실이 있는데 어떻게 전기 자동차는 사용하는 에너지도 줄이고 이산화 탄소 배출도 줄일 수 있다는 걸까요?

» 석유 소비가 «
절반인 전기 자동차

그 이유는 내연 기관 자동차가 휘발유를 태워 자동차를 움직이는 과정에서 빠져나가는 에너지가 너무 많기 때문입니다. 일단 휘발유로 엔진을 움직일 때 전체 에너지의 약 71%가 열에너지 같은 것으로 빠져나갑니다. 그리고 다시 바퀴를 움직이기 위해 에너지를 전달하는 과정에서 남은 29% 중의 34%가 빠져나갑니다. 결국 바퀴를 굴리는 데 쓰이는 에너지는 19% 정도 밖에 되질 않는 것

그린뉴딜, 지구를 구하는 길

입니다.

그럼 전기 자동차는 어떨까요? 일단 석유로 전기를 만들 때 빠져나가는 에너지는 약 56%입니다. 그리고 송전과 충전 모터 구동을 할 때 남은 44% 중 15% 정도가 빠져나갑니다. 결국 전기 자동차의 바퀴를 굴리는 데 쓰는 에너지는 37%가량 된다고 합니다. 내연 기관 자동차가 19%인 것에 비해 거의 두 배 가까이 되는 거지요. 따라서 순전히 화력 발전소에서 만든 전기로만 움직여도 기존보다 석유가 절반 정도밖에 들지 않습니다.

더구나 전기 자동차는 기존 자동차보다 자동차 부품이 약 10분의 1밖에 들어 있지 않아요. 즉 기존 자동차와 같은 크기인 전기 자동차의 총 무게가 훨씬 가볍기 때문에 사용되는 에너지도 줄겠지요.

》 미세 먼지도 《
없어

전기는 순전히 화력 발전으로만 만드는 게 아닙니다. 태양광 발전도 있고 풍력 발전도 있습니다. 수력 발전도 있고 원자력 발전도 있지요. 게다가 앞으로 신재생 에너지로 만드는 전기는 더 늘어날 것입니다. 따라서 만약 화력 발전으로 전기를 만드는 비중이 전체 전기 공급의 절반 정도로 낮아지면 전기 자동차는 최소한 기존 자동차에 비해 4분의 1 수준의 이산화 탄소만 내놓게 되는 것입니다.

전기 자동차의 장점은 또 있습니다. 휴일에 자동차가 덜 다니

면 도로 주변의 미세 먼지가 줄어들어 한결 숨쉬기 편한 걸 느껴 본 적 있을 것입니다. 그런데 전기 자동차는 휘발유로 가는 자동차가 내뿜는 배기가스가 하나도 나오지 않아요. 당연히 오염이 훨씬 줄어들어 미세 먼지나 초미세 먼지도 자연히 줄어들게 됩니다. 그러니 아주 좋은 거지요.

　네덜란드, 이스라엘, 아일랜드, 인도, 오스트리아 등 많은 나라에서는 2030년 정도가 되면 더는 내연 기관으로 움직이는 자동차 즉 휘발유 차나 디젤차를 팔 수 없다고 합니다. 각국 정부가 법으로 이를 금지하는 거지요. 다른 나라들도 이 대열에 속속 동참하고 있습니다. 그리고 중국도 전기 자동차로의 전환을 굉장히 서두르고 있습니다. 이렇게 되면 자동차 회사들도 기존의 휘발유 차 대신 전기 자동차를 더 많이 생산할 수밖에 없지요. 10년 뒤에는 전 세계에서 생산하는 신차의 절반 정도가 전기 자동차가 될 거라고 합니다. 전 세계에서 소비하는 석유의 60% 이상이 자동차를 움직이는 데 쓰인다고 합니다. 자동차만 전기 자동차로 바꿔도 이산화 탄소 배출을 굉장히 많이 줄일 수 있게 되는 것입니다.

38

수소 자동차가 미세 먼지를 빨아들인다고?

도로를 달리면서 미세 먼지를 흡수하는 차가 있다고 해요. 이산
화 탄소를 배출하지 않는 것만도 좋은 차인데 골치 아픈 미세 먼지까지 흡수
한다니 놀라워요. 이 차가 바로 수소 자동차라는데 수소 자동차는 과연 어떤
차인가요?

수소 자동차는 기본적으로 전기 자동차입니다. 그런데 리튬 이온 배터리 대신 수소 연료 전지에서 전기를 만들어서 달리는 차입니다. 그럼 수소 연료 전지가 뭔지 한번 알아볼까요?

수소 연료 전지는 수소와 산소를 각각 마이너스극(-)과 플러스극(+)으로 이용합니다. 수소에서 분리된 전자가 산소 쪽으로 이동하면서 전기가 발생하지요. 이 과정에서 수소와 산소가 만나 물이 됩니다. 즉 전기를 만들 때 나오는 건 물 밖에 없는 거지요.

그러니 수소 연료 전지를 사용하는 수소 자동차는 오염 물질을 배출하지 않는 아주 깨끗한 차입니다.

| 수소 연료 전지의 원리 |

》도로를 달리는 《
공기 청정기

게다가 수소 연료 전지 자동차는 공기 청정기인 셈이에요. 수소 연료 전지로 전기를 만들 때 사용하는 수소는 자동차 안의 압축 탱크에 저장된 걸 이용하고, 산소는 공기 중에 있는 걸 빨아들여서 사용합니다. 이 과정에서 필터가 공기 속의 불순물을 걸러 냅니다. 그때 미세 먼지와 초미세 먼지가 걸러지는 것입니다. 완전히 달리는 공기 청정기인 셈이지요?

현대자동차의 넥쏘라는 수소 연료 전지 자동차의 경우 1시간 정도 운행을 하면 26.9킬로그램의 깨끗한 공기를 만드는데, 이는 성인 42명이 1시간 동안 호흡할 때 필요한 양입니다. 즉 차 한 대가 42명에게 필요한 깨끗한 공기를 만드는 거지요. 또 자동차가 달리면 타이어와 도로가 닳아서 오염 물질들이 생기는데 수소연료 전지 자동차는 그걸 다시 흡수해서 걸러 내니 아주 좋아요.

거기다 충전하는 데 걸리는 시간이 다른 전기 자동차보다 훨씬 빠릅니다. 전기 차가 30분 정도 걸리는 양을 5분이면 충전 가능해요. 또 한 번 충전하면 갈 수 있는 거리도 더 길어요. 그래서 먼 거리를 운행하는 화물차에도 잘 어울리는 차입니다.

그린뉴딜, 지구를 구하는 길

» 수소 자동차가 «
해결해야 할 과제

이렇게 좋은 차인데 만들려는 회사는 드뭅니다. 전 세계에 한국, 일본, 독일 등 몇 군데가 되지 않습니다. 많은 전문가는 리튬 이온 배터리 전기차가 더 많이 보급되고 전망도 더 밝다고 이야기합니다. 이유가 뭘까요?

먼저 수소를 압축해서 공급하는 것은 굉장히 힘듭니다. 수소는 폭발성 가스라서 아주 조심해야 해요. 더구나 굉장히 높은 압력으로 보관해야 하므로 아주 튼튼한 용기에다 저장해야 합니다. 따라서 다른 전기 차보다 연료를 공급하는 충전소를 만드는 비용이 굉장히 비쌉니다. 그리고 충전소에 수소를 공급하는 과정에서도 비용이 아주 많이 듭니다. 전기는 전선으로 보내면 되는데 수소는 특수 차량으로 운반해야 하거든요. 도시가스처럼 배관으로 보내는 건 너무 위험해서 안 되지요.

더 중요한 건 수소를 만드는 방법입니다. 현재 가장 많이 쓰고 있는 방법은 천연가스를 분해해서 만드는 것입니다. 천연가스의 주성분은 메탄(CH_4)인데 이를 분해해서 수소를 얻는 것이지요. 그런데 메탄에는 탄소(C)도 있어서 분해하는 과정에서 이산화 탄소가 발생합니다. 이산화 탄소 발생량을 줄이자고 전기 차를 만드는데 오히려 그 과정에서 이산화 탄소가 나오니 문제가 심각한 것이지요. 그냥 천연가스로 가는 차와 별다를 게 없어 보입니다. 물론 이때 나오는 이산화 탄소가 새어 나가지 않게 모으는 방법도 개발 중이긴 한데 아직 완벽하지 않고 비용도 많이 듭니다.

다른 방법이 없는 건 아닙니다. 물(H_2O)을 전기 분해해서 수소를 얻을 수도 있습니다. 이 경우에는 부산물로 산소밖에 나오질 않으니 별 문제가 없지요. 하지만 기껏 전기를 만들어 놓고 이걸로 다시 물을 분해해서 수소를 만들고, 이 수소로 다시 전기를 만들어 차를 움직인다면 낭비처럼 보입니다. 하지만 다른 발전소에서 전기를 만들었는데 남아도는 경우엔 남는 전기로 물을 분해해서 수소를 만들고 나중에 필요할 때 쓰면 되니 이것도 한 방법입니다. 태양광은 낮에 주로 발전을 하니 이때 남는 전기로 수소를 만들면 되겠지요. 호주나 사하라 사막처럼 아주 넓은 곳에서 대규모로 태양광 발전을 하고 여기서 나온 전기로 수소를 만드는 것도 생각해 볼 수 있지요. 이 수소를 액화시켜서 배로 운반하면 되지요. LNG 운반선과 비슷한 개념이라고 보면 됩니다.

이렇게 생각해 보면 아직까지 수소 연료 전지 자동차는 일반 전기 자동차에 비하면 경쟁력이 좀 떨어지는 것이 사실이긴 합니다. 하지만 친환경 청정 에너지인 수소 연료 전지 자체는 기술이 좀 더 발전한 미래에는 에너지 저장 및 운반 장치로서 큰 역할을 하게 될 것입니다.

39

탄소 배출 '제로(0)'인 집이 있다고?

여름이면 더워서 에어컨을 켜고, 겨울이면 추워서 보일러를 틉니다. 샤워하거나 요리할 때에도 에너지를 사용하지요. 이렇게 끊임없이 에너지를 소비하니 이산화 탄소 배출량도 많아질 수밖에요. 에너지를 안 쓰고 살아가는 방법이 과연 있기나 한 걸까요?

에너지를 아끼자고 30도가 넘는 더위를 선풍기로만 버틸 수 없고, 영하로 내려간 추위를 옷을 꽁꽁 싸매고 견디기도 힘듭니다. 밥을 안 먹을 수도 없지요. 우리가 사는 것 자체가 끊임없이 에너지를 소비하는 일입니다. 문제는 이런 냉난방과 요리 등에 들어가는 에너지 때문에 나오는 이산화 탄소 발생량이 전체 이산화 탄소 발생량의 30% 가까이 된다는 것이지요. 어떻게 해결하는 방법이 없을까요? 물론 개인이 에너지를 적게 쓰려고 노력하는 것도 필요하지만, 그보다 더 중요한 것은 애초에 에너지를 덜 쓰는 방법을 찾는 것입니다. 완벽하진 않지만 에너지를 줄이는 방법은 많이 있습니다.

》 액티브 하우스 + 《
패시브 하우스

제로 에너지 주택이 있습니다. 이름이 제로 에너지인 건 에너지 사용으로 인해 발생하는 이산화 탄소 배출량이 0(zero)이기 때문입니다. 제로 에너지 주택은 어떻게 이산화 탄소 배출량을 제로로 만들까요?

　제로 에너지 주택은 액티브 하우스(Active House)와 패시브 하우스(Passive House)를 결합한 개념입니다. 패시브 하우스란 건물의 재료와 형태를 단열이 잘되게 해서 에너지 손실을 줄인 주택을 말해요. 벽과 창, 지붕을 특수하게 만들어서 외부 온도가 올라가거나 내려가도 집 내부의 온도를 일정하게 유지하는 것이 필수입니다. 단열을 위해 벽도 더 두껍게 만들고, 내부에 쓰이는 철근 끝에 스테인리스강을 덧씌워서 열전달을 막습니다. 창도 3중창이고 창밖으로 햇빛 가리개도 있지요. 그래도 환기는 되어야 하잖아요. 그래서 외부 공기가 실내로 들어왔다 나갈 때 열 회수 환기 시스템을 통해 75% 이상의 열에너지를 회수할 수 있도록 지은 집입니다. 이렇게 지은 패시브 하우스는 일반적인 집에 비해 난방에 사용되는 에너지가 10분의 1밖에 안 된다고 합니다.

그래도 에너지가 아주 필요 없는 건 아니잖아요. 그래서 액티브 하우스가 결합했습니다. 액티브 하우스란 태양이나 지열 그리고 바람 등과 같은 자연 에너지를 이용하는 시스템을 갖춘 집을 말해요. 주로 태양 에너지를 많이 활용하는데, 건물 지붕에 태양광 발전 패널을 설치해서 자체적으로 전기를 생산합니다. 낮에 만들어진 전기가 남을 때는 전기 회사에 공급해 주고 밤에 모자랄 때는 다시 공급받는 방식이지요.

》 에너지 사용을 줄이고 《
저장해 둔 에너지를 사용해

그러면 이미 지어진 집은 어떻게 해야 할까요? 기존의 집도 몇 가지 시공을 통해 제로 에너지까지는 아니지만 냉난방에 드는 에너지를 많이 줄일 수 있습니다. 먼저 창 바깥쪽에 차단막을 설치하면 창을 통해서 들어오는 햇빛을 막을 수 있지요. 또 건물 바깥에 단열 시공을 더 하면 겨울철이나 여름철에 온도 변화가 줄어들게

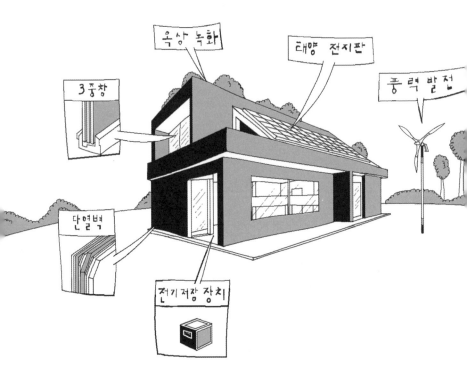

됩니다. 그리고 지붕이나 주차 공간 위쪽에 태양광 패널을 설치하면 자체적으로 전기 에너지를 생산할 수 있어요.

　그리고 가정용 전기 저장 장치를 설치하면 밤에 남는 싼 전기를 저장했다가 낮에 사용할 수 있습니다. 이건 단순히 우리 집 전기세만 아끼는 것이 아닙니다. 발전소는 항상 하루에 가장 전기를 많이 사용하는 시간대에 맞춰 발전량을 계산합니다. 그런데 전기 사용량이 적은 밤에 전기를 모아 뒀다 사용하는 가정이 늘면 사용량이 가장 많은 시간대에 실제 발전해야 할 양이 줄어듭니다. 한 가정에서 사용하는 양은 얼마 되지 않지만 전국적으로 이런 집들이 많아지면 발전소 한두 개는 쉬어도 된다고 합니다.

우리나라에서도 여러 지방 자치 단체와 정부에서 에너지 제로 주택 시범 단지를 만들어서 나름대로 의미 있는 성과를 내고 있습니다. 하지만 제로 에너지 주택을 짓는 비용이 기존 주택보다 많이 비싸서 건축 회사나 건축주들이 쉽게 따라 짓지 못하는 문제가 있습니다. 신재생 에너지를 사용하여 에너지를 자급하고 에너지 사용으로 발생하는 이산화 탄소 배출이 제로인 친환경 주택에서 살아가는 미래를 위해 정부의 지원과 우리의 꾸준한 관심이 필요합니다.

40

탄소 중립을 하면 기후 위기를 벗어날까?

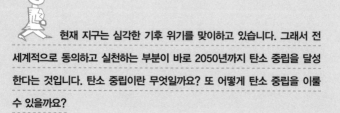

현재 지구는 심각한 기후 위기를 맞이하고 있습니다. 그래서 전
세계적으로 동의하고 실천하는 부분이 바로 2050년까지 탄소 중립을 달성
한다는 것입니다. 탄소 중립이란 무엇일까요? 또 어떻게 탄소 중립을 이룰
수 있을까요?

탄소 중립이란 인간이 활동하여 발생하는 이산화 탄소의 배출량을 '0(zero)'으로 만든다는 개념입니다. 또 다른 말로 탄소 제로 혹은 넷 제로라고도 하지요. 이산화 탄소 발생량을 줄이고, 또 배출된 이산화 탄소를 흡수하는 등과 같은 노력을 통해 결과적으로 배출량을 '0'으로 만든다는 것입니다.

》 이산화 탄소 《
배출량을 줄이자

탄소 중립을 위한 가장 중요한 일은 이산화 탄소 배출량을 줄이는 것입니다. 이를 위해 가장 먼저 할 일은 기존의 화력 발전소를 빠르게 폐기하고 대신 재생 에너지인 태양광 발전과 풍력 발전으로 대체하는 일입니다. 다음으로는 기존 내연 자동차를 최대한 빠르게 줄이고 전기 자동차 보급을 더 빠르게 늘리는 일입니다. 이와 함께 현재 산업 현장에서 고온의 작업을 하기 위해 석탄이나 석유를 이용하는 것을 전기 에너지 사용으로 바꾸려는 노력도 중요합니다.

물론 시민들도 가스보일러를 전기보일러로 대체하는 등의 노력을 해야겠지요. 자가용보다는 대중교통을 이용하고, 가능하면 탄소 발생량이 적은 제품을 사용하면서 재활용에도 적극 참여하는 것입니다.

》이산화 탄소 흡수원을 《
늘리자

두 번째로 중요한 것은 이산화 탄소 흡수원을 늘리는 일입니다. 쉽게 말해서 광합성을 통해 이산화 탄소를 흡수하는 식물을 늘리는 일이지요. 도시 녹화 사업은 이런 노력의 일환이라고 볼 수 있습니다. 그리고 기존의 초지를 삼림으로 바꾸는 노력도 필요합니다. 풀이 자라는 초원보다는 나무가 우거진 숲에서 이산화 탄소 흡수량이 몇 배는 더 많기 때문이지요. 아울러 이런 숲을 잘 보존하기 위해 무분별한 개간이나 개발을 억제하는 일도 중요합니다.

》이산화 탄소를 포집하고 《
저장해서 재사용하자

세 번째로 중요한 일은 이산화 탄소 포집과 저장입니다. 이산화 탄소를 한꺼번에 많이 내놓는 곳은 공장과 발전소 같은 곳입니다. 발전소야 모두 재생 에너지를 이용하도록 하면 되지만 공장은 다른 대책이 필요합니다. 그중 하나가 공장에서 발생하는 이산화 탄소가 대기 중으로 빠져나가지 않게 모아서(포집) 저장하는 것입니다. 현재 산업 부문에서 발생하는 이산화 탄소의 대부분은 철강 산업, 시멘트 산업, 석유 화학 및 플라스틱 산업, 제지 산업, 알루미늄 제련 사업 등 여섯 군데에서 나옵니다. 이곳들의 이산화 탄소 발생량을 줄이는 것이 기후 위기에 대한 대응에서 가장 중요하다고 볼 수 있습니다.

현재 '한국 이산화 탄소 포집 및 처리 연구 개발 센터'에서는 화력 발전소와 제철소, 시멘트 공장에서 배출되는 이산화 탄소를 포집해서 전환하는 기술을 개발 중입니다. 스위스의 클라임웍스라는 회사는 공장의 이산화 탄소를 포집해서 온실에서 식물을 키우는 데 활용하는 방법을 연구하고 있기도 합니다.

대기 중의 이산화 탄소를 흡수해서 제거하려는 시도도 있습니다. 캐나다의 카본 엔지니어링이란 회사는 이산화 탄소를 주로 녹이는 포획 용액을 공기 중에 뿌리고 이를 대형 풍력기로 빨아들이는 방법을 연구하고 있습니다. 이렇게 포획된 이산화 탄소는 다양한 용도로 사용할 수 있다고 합니다.

이런 포획 및 저장 기술이 발달하더라도 우리가 명심해야 할 것은 바로 이산화 탄소 배출량을 줄이는 것입니다. 미국 과학·공학·의학 아카데미가 2018년 발표한 보고서에 따르면 '기후 위기 문제에 대처하는 핵심은 배출량 감소에 있다'라고 합니다. 또 카본 엔지니어링의 수석 과학자 데이비드 키스 역시 "인류가 화석 연료를 계속 사용하며 온실가스를 배출하면서 한편으로 이산화 탄소 제거 기술을 통해 균형을 맞추겠다는 생각은 보트를 구하기도 전에 물이 새는 구멍의 마개를 빼는 미친 짓"이라고 했습니다.

결국 대기 중의 이산화 탄소 농도를 현재 수준에서 더 높이지 않기 위해서 해야 할 가장 중요한 노력은 배출량을 줄이는 것이라는 것을 잊지 말아야 합니다.

🌱 프라이부르크는 탄소 제로 도시로 가는 중

질문하는 과학 08

탄소 중립으로 지구를 살리자고?

초판 1쇄 발행 2021년 8월 20일
초판 5쇄 발행 2023년 4월 12일

지은이 박재용
그린이 심민건
펴낸이 이수미
기획 · 편집 달로켓
북 디자인 신병근, 선주리
마케팅 김영란

종이 세종페이퍼 인쇄 두성피엔엘 유통 신영북스

펴낸곳 나무를 심는 사람들
출판신고 2013년 1월 7일 제2013-000004호
주소 서울시 용산구 서빙고로 35 103동 804호
전화 02-3141-2233 팩스 02-3141-2257
이메일 nasimsabooks@naver.com
블로그 blog.naver.com/nasimsabooks

ⓒ 박재용, 2021
ISBN 979-11-90275-55-2
      979-11-86361-74-0(세트)